高等院校通用教材

虚拟仪器教学实验简明教程
——基于 LabVIEW 的 NI ELVIS

杨 智 袁 媛 贾延江 编著

北京航空航天大学出版社

内 容 简 介

本书系统介绍了基于 LabVIEW 的 NI ELVIS 虚拟仪器教学实验套件的基本概念、软硬件构成、实验设计方法以及实验例程。

全书分 3 篇 18 章:第 1 篇(第 1 章和第 2 章)简要介绍了 LabVIEW 编程基础;第 2 篇(第 3～6 章)系统介绍了 NI ELVIS 教学实验套件的基本组成、编程方法及使用注意事项;第 3 篇(第 7～18 章)全面介绍了如何利用 NI ELVIS 虚拟仪器实验套件完成的 12 类实验例程。附录是 NI ELVIS 实验设备使用的一些重要信息,包括本书中的实验程序光盘。本实验教程图文并茂,便于读者学习使用。

本书可作为高等院校电气电子信息类各专业、测控技术与仪器专业大专、本科、研究生的虚拟仪器课程的实验教材或教学参考书,也可作为工程技术人员开发现代信号测控系统的参考书。

图书在版编目(CIP)数据

虚拟仪器教学实验简明教程:基于 LabVIEW 的 NI ELVIS/
杨智等编著. —北京:北京航空航天大学出版社,2008.3
ISBN 978-7-81124-187-7

Ⅰ. 虚… Ⅱ. 杨 Ⅲ. 软件工具,LabIEW—程序设计—教材 Ⅳ. TP311.56

中国版本图书馆 CIP 数据核字(2008)第 006052 号

虚拟仪器教学实验简明教程
——基于 LabVIEW 的 NI ELVIS
杨 智 袁 媛 贾延江 编著
责任编辑 张国申 张迪君

*

北京航空航天大学出版社出版发行
北京市海淀区学院路 37 号(100083) 发行部电话:010-82317024 传真:010-82328026
http://www.buaapress.com.cn E-mail:bhpress@263.net
北京时代华都印刷有限公司印装 各地书店经销

开本:787×960 1/16 印张:13 字数:291 千字
2008 年 3 月第 1 版 2008 年 3 月第 1 次印刷 印数:5000 册
ISBN 978-7-81124-187-7 定价:24.00 元(含光盘 1 张)

前 言

虚拟仪器(Virtual Instrument,简称 VI)就是在通用计算机和数据采集卡(DAQ)组成的平台上由用户根据自己的需求来定义和设计仪器的测量功能,其实质是将可完成传统仪器功能的硬件和最新计算机软件技术充分结合起来,实现并扩展传统仪器的功能,完成数据采集、分析处理、显示与自动化功能。

LabVIEW(Laboratory Virtual Instrument Engineering Workbench)是美国国家仪器公司(National Instruments,简称 NI)推出的一种使用基于图形化编程方式的虚拟仪器软件开发环境。

虚拟仪器技术的出现在测控领域掀起了一场革命,同时也给传统的教学与科学研究带来了翻天覆地的变化。虚拟仪器技术现已广泛应用于电子、电气、计算机、机械、生物、物理化学等工程领域的测试、测量和自动化中。

一个基于计算机的测试、测量和自动化实验平台不仅大大提高了研究人员的工作效率,也改进了学生的学习方法并调动了学生的学习积极性。与以往费时费力的数据采集过程不同,现在,老师和同学都可以集中精力分析结果并得出结论,学生们可以将大部分时间花在实验室工作的执行上,而非实验项目设备的搭建上。

NI ELVIS 虚拟仪器教学实验套件(Educational Laboratory Virtual Instrumentation Suite,简称 ELVIS)是 NI 公司于 2004 年推出的一套基于 LabVIEW 设计和原型创建的实验装置。NI ELVIS 系统实际上就是将 LabVIEW 和 NI 的 DAQ 设备相结合,综合应用得到一个 LabVIEW 非常好的教学实验产物。它包括硬件和软件两部分:硬件包括一台可运行 LabVIEW 的计算机、一块多功能数据采集卡、一根 68 针电缆和 NI ELVIS 教学实验操控工作台;软件则包括 LabVIEW 开发环境、NI - DAQ、可以针对 ELVIS 硬件进行程序设计的一系列 LabVIEW API 和一个基于 LabVIEW 设计虚拟仪器软件包。该实验套件可插入一块原型实验面板,非常适合教学实验和电子电路原型设计与测试,以便完成测量仪器、电子电路、信号处理、控制系统辅助分析与设计、通信、机械电子、物理等学科课程的学习和实验。NI ELVIS 集成了多个实验室常用通用仪器的功能,实现了教学仪器、数据采集和实验设计一体化。用户可以在 LabVIEW 下编写应用程序以适合各自的设计实验,它不仅适用于理工科实验室内作为常规通用仪器使用,还可以进行电子线路设计、信号处理及控制系统分析与设计。用户只需要

虚拟仪器教学实验简明教程——基于 LabVIEW 的 NI ELVIS

一台 NI ELVIS 就可完成信号分析(示波器、动态信号分析仪、信号源、波特图分析仪、阻抗分析仪、电流电压分析仪、数字万用表、直流电源等仪器的功能),且在实验数据的记录、分析处理和显示等方面有着传统仪器无法比拟的优势。若从中仔细揣摩,会对开发其他类似功能的虚拟仪器有很好的启发作用。

本书分 3 篇,第 1 篇简单介绍了 LabVIEW 编程基础;第 2 篇介绍 NI ELVIS 虚拟仪器教学实验套件;第 3 篇介绍 NI ELVIS 虚拟仪器教学实验套件上的 12 类实验例程。书后附录为 NI ELVIS 用户使用该设备的重要信息。

本书有以下 3 个主要特征:
> 本书是一本基于 LabVIEW 高级应用的教学实验教材;
> NI ELVIS 教学实验套件受到了高等院校师生的普遍好评,但目前还未有相应的配套教材,本书的出现对高等院校师生学习和使用虚拟仪器可起到一个重要的推动作用;
> 本书图文并茂,例程丰富,便于师生使用。

本书第 1 篇由林兰编写,第 2 篇由杨智编写,第 3 篇由袁媛编写,附录由马利明编写。全书由杨智统稿。

感谢美国国家仪器中国有限公司顾捷工程师给予的许多技术支持;感谢中山大学将该教材列入了实验教学改革项目并给予基金资助。本书在编写过程中,参阅了大量国内外相关资料和网络资源,对参考文献的作者一并表示真挚的谢意;也感谢朱海锋、曾昭栋等研究生在电路设计、应用程序编辑、资料录入等方面给予作者的大力帮助。

由于编者水平有限,书中难免有不当之处,恳请读者批评指正。

作 者:杨 智
2007 年 10 月

目 录

第 1 篇　LabVIEW 7.1 基础

第 1 章　LabVIEW 7.1 概述 ... 3
1.1　LabVIEW 7.1 的安装流程 ... 3
1.2　LabVIEW 7.1 的工作环境 ... 6
 1.2.1　前置板与流程框图 ... 7
 1.2.2　LabVIEW 的操作模板 ... 8
1.3　LabVIEW 7.1 的基本操作 ... 11
 1.3.1　VI 的创建 ... 11
 1.3.2　VI 的编辑 ... 11
 1.3.3　子 VI(SubVI) ... 13
 1.3.4　VI 的运行与调试 ... 16
1.4　Express VI ... 16

第 2 章　LabVIEW 7.1 编程基础 ... 17
2.1　数据组合：字符串、数组、簇和波形 ... 17
 2.1.1　字符串(String) ... 17
 2.1.2　数组(Array) ... 18
 2.1.3　簇(Cluster) ... 21
 2.1.4　波形(Waveform) ... 24
2.2　程序结构 ... 24
 2.2.1　循环结构 ... 24
 2.2.2　选择结构(Case Structure) ... 29
 2.2.3　顺序结构(Sequence Structure) ... 30

  2.2.4 公式节点(Formula Node) …………………………………………… 31
  2.2.5 事件结构(Event Structure) …………………………………………… 31
  2.2.6 局部变量与全局变量 ………………………………………………… 32
 2.3 图形控件 ………………………………………………………………………… 34
  2.3.1 波形 Chart …………………………………………………………… 34
  2.3.2 波形 Graph …………………………………………………………… 37
  2.3.3 XY Graph ……………………………………………………………… 38

第 2 篇 NI ELVIS 虚拟仪器教学实验套件

第 3 章 DAQ 系统概述 ……………………………………………………………………… 41
 3.1 什么是 DAQ ……………………………………………………………………… 41
  3.1.1 DAQ 硬件 ……………………………………………………………… 42
  3.1.2 虚拟仪器 ……………………………………………………………… 42
 3.2 NI ELVIS 概述 …………………………………………………………………… 42
 3.3 相关文献 ………………………………………………………………………… 44

第 4 章 NI ELVIS 概述 ……………………………………………………………………… 45
 4.1 NI ELVIS 硬件 …………………………………………………………………… 45
  4.1.1 NI ELVIS 平台工作站 ………………………………………………… 46
  4.1.2 NI ELVIS 原型实验板 ………………………………………………… 46
 4.2 NI ELVIS 的安装与配置 ………………………………………………………… 47
  4.2.1 运行 NI ELVIS 所需要的配置 ………………………………………… 47
  4.2.2 NI ELVIS 拆封 ………………………………………………………… 48
  4.2.3 安装 NI ELVIS ………………………………………………………… 48
 4.3 NI ELVIS 软件 …………………………………………………………………… 51
  4.3.1 SFP 仪器 ……………………………………………………………… 51
  4.3.2 NI ELVIS LabVIEW API ……………………………………………… 53

第 5 章 硬件概述 …………………………………………………………………………… 54
 5.1 DAQ 硬件 ………………………………………………………………………… 54
 5.2 旁路模式下使用 DAQ 硬件 ……………………………………………………… 54
 5.3 NI ELVIS 平台工作站 …………………………………………………………… 55
 5.4 NI ELVIS 保护板 ………………………………………………………………… 57
 5.5 NI ELVIS 原型实验板 …………………………………………………………… 57

5.5.1　原型实验板电源 ·· 58
　　5.5.2　原型实验板信号描述 ·· 58
5.6　信号连接 ··· 60
　　5.6.1　接地考虑事项 ·· 60
　　5.6.2　模拟输入信号的连接 ·· 60
　　5.6.3　模拟输出信号的连接 ·· 61
　　5.6.4　数字 I/O 信号的连接 ·· 62
　　5.6.5　计数器/定时器信号的连接 ·· 62
　　5.6.6　用户可配置信号的连接 ·· 63

第6章　NI ELVIS 的编程 ·· 64
6.1　使用 NI-DAQmx 对 NI ELVIS 编程 ·· 64
　　6.1.1　模拟输入 ·· 64
　　6.1.2　模拟输出 ·· 65
　　6.1.3　定时和控制 I/O ·· 65
6.2　用 NI ELVIS LabVIEW API 对 NI ELVIS 编程 ························ 66
　　6.2.1　可调电源 ·· 66
　　6.2.2　函数发生器 ·· 67
　　6.2.3　数字万用表(DMM) ·· 67
　　6.2.4　数字 I/O ··· 68
　　6.2.5　示波器 ·· 69

第3篇　NI ELVIS 虚拟仪器教学实验例程

第7章　NI ELVIS 基础实验 ·· 73
7.1　实验目的 ··· 73
7.2　实验中用的软前置板(SFP) ··· 73
7.3　实验中用的元器件 ·· 74
7.4　元件参数测量实验 ·· 74
7.5　分压电路实验 ··· 76
7.6　DMM 测量电流实验 ·· 77
7.7　RC 暂态电路电压变化实验 ·· 77
7.8　观察 RC 暂态电路电压实验 ·· 78
亮　点 ··· 80

思考题 …………………………………………………………………………………… 80

第 8 章 数字温度计实验 ………………………………………………………… 81

8.1 实验目的 ……………………………………………………………………… 81
8.2 实验中用的软前置板(SFP) ………………………………………………… 82
8.3 实验中用的元器件 …………………………………………………………… 82
8.4 电阻元件参数测量实验 ……………………………………………………… 82
8.5 可调电源的操作实验 ………………………………………………………… 82
8.6 用于 DAQ 操作的热敏电阻电路实验 ……………………………………… 83
8.7 热敏电阻的校准实验 ………………………………………………………… 84
8.8 构建一个 NI ELVIS 虚拟数字测温计实验 ………………………………… 85
8.9 带记录功能的数字测温计实验 ……………………………………………… 87
亮　点 ……………………………………………………………………………… 88
思考题 ……………………………………………………………………………… 88

第 9 章 交流电路实验 …………………………………………………………… 90

9.1 实验目的 ……………………………………………………………………… 90
9.2 实验中用的软前置板 ………………………………………………………… 90
9.3 实验中用的元器件 …………………………………………………………… 91
9.4 电路元件参数的测量实验 …………………………………………………… 91
9.5 元件和电路阻抗 Z 的测量实验 …………………………………………… 91
9.6 用函数发生器和示波器测试 RC 电路实验 ………………………………… 93
9.7 RC 电路的增益/相位波特图实验 …………………………………………… 95
亮　点 ……………………………………………………………………………… 96
思考题 ……………………………………………………………………………… 96

第 10 章 Op Amp 滤波器实验 ………………………………………………… 97

10.1 实验目的 …………………………………………………………………… 98
10.2 实验中用的软前置板 ……………………………………………………… 98
10.3 实验中用的元器件 ………………………………………………………… 98
10.4 电路元件值的测量实验 …………………………………………………… 98
10.5 基本 OP Amp 电路的频率响应实验 ……………………………………… 98
10.6 OP Amp 频率特性的测试实验 …………………………………………… 100
10.7 高通滤波器实验 …………………………………………………………… 101
10.8 低通滤波器实验 …………………………………………………………… 103
10.9 带通滤波器实验 …………………………………………………………… 104

亮　点 ·· 104
　　思考题 ·· 104

第 11 章　数字 I/O 实验 ·· 106
　11.1　实验目的 ·· 106
　11.2　实验中用的软前置板 ·· 106
　11.3　实验中用的元器件 ··· 107
　11.4　虚拟数字字节模式实验 ··· 107
　11.5　555 数字时钟电路实验 ·· 108
　11.6　设计一个 4 位的数字计数器实验 ·· 110
　11.7　LabVIEW 的逻辑状态分析仪实验 ·· 114
　　亮　点 ·· 115
　　思考题 ·· 115

第 12 章　救援用 LED 灯实验 ··· 117
　12.1　实验目的 ·· 117
　12.2　实验中用的前软置板 ·· 117
　12.3　实验中用的元器件 ··· 118
　12.4　测试二极管并确定其极性实验 ··· 118
　12.5　二极管的特性曲线实验 ··· 118
　12.6　手动测试和控制交通灯实验 ·· 120
　12.7　交通灯的自动运行实验 ··· 122
　　亮　点 ·· 123
　　思考题 ·· 123

第 13 章　自由空间光通信实验 ··· 124
　13.1　实验目的 ·· 124
　13.2　实验中用的软前置板 ·· 125
　13.3　实验用到的元器件 ··· 125
　13.4　光敏晶体管探测器实验 ··· 125
　13.5　红外线光源实验 ·· 126
　13.6　自由空间红外线光链接（模拟）实验 ··· 127
　13.7　调幅和调频（模拟调制）实验 ··· 128
　　亮　点 ·· 129
　　思考题 ·· 130

第 14 章 机械运动实验 ………………………………………………………… 131

　14.1　实验目的 ……………………………………………………………… 132
　14.2　实验用的软前置板 …………………………………………………… 132
　14.3　实验用的元器件 ……………………………………………………… 132
　14.4　电动机实验 …………………………………………………………… 132
　14.5　转速计实验 …………………………………………………………… 133
　14.6　旋转运动系统实验 …………………………………………………… 134
　14.7　每分钟转数（RPM）的 LabVIEW 测量实验 ………………………… 135
　亮　点 ………………………………………………………………………… 136
　思考题 ………………………………………………………………………… 136

第 15 章 波形编辑及频谱分析实验 …………………………………………… 138

　15.1　实验目的 ……………………………………………………………… 138
　15.2　实验中所用的软前置板 ……………………………………………… 138
　15.3　任意波形发生实验 …………………………………………………… 138
　15.4　波形编辑实验 ………………………………………………………… 139
　15.5　动态分析仪实验 ……………………………………………………… 140
　亮　点 ………………………………………………………………………… 142
　思考题 ………………………………………………………………………… 142

第 16 章 数据采集实验 ………………………………………………………… 144

　16.1　实验目的 ……………………………………………………………… 144
　16.2　实时 PID 控制实验 …………………………………………………… 144
　　16.2.1　物理通道与虚拟通道的设置 …………………………………… 146
　　16.2.2　任务的创建与配置 ……………………………………………… 147
　　16.2.3　被控过程的实现 ………………………………………………… 148
　　16.2.4　PID 控制器设计 ………………………………………………… 148
　亮　点 ………………………………………………………………………… 149
　思考题 ………………………………………………………………………… 149

第 17 章 直流电机的速度控制系统分析与设计应用实验 …………………… 150

　17.1　实验目的 ……………………………………………………………… 150
　17.2　QNET－DCMCT 简介 ……………………………………………… 150
　17.3　DCMCT 模型表述 …………………………………………………… 151
　　17.3.1　元件命名 ………………………………………………………… 151
　　17.3.2　DCMCT 模型描述 ……………………………………………… 151

  17.4 建立直流电机开环速度控制模型 …………………………………………… 152
  17.5 实验内容 ………………………………………………………………………… 153
    17.5.1 系统硬件配置 …………………………………………………………… 153
    17.5.2 实验过程 ………………………………………………………………… 153
 亮　点 ……………………………………………………………………………………… 161
 思考题 ……………………………………………………………………………………… 161

第 18 章　直流电机的位置控制系统分析与设计应用实验　162

 18.1 实验目的 ………………………………………………………………………… 162
 18.2 DCMCT 模型表述 ……………………………………………………………… 162
 18.3 实验前练习 ……………………………………………………………………… 162
  18.3.1 实验前练习1：建立开环模型 ………………………………………… 163
  18.3.2 实验前练习2：确定系统类型 ………………………………………… 163
  18.3.3 实验前练习3：建立闭环传递函数 …………………………………… 164
  18.3.4 实验前练习4：峰值时间和最大超调量的计算 ……………………… 165
 18.4 实验内容 ………………………………………………………………………… 167
  18.4.1 系统硬件配置 …………………………………………………………… 167
  18.4.2 实验过程 ………………………………………………………………… 168
 亮　点 ……………………………………………………………………………………… 172
 思考题 ……………………………………………………………………………………… 173

附录 A NI ELVIS 性能指标 ……………………………………………………………… 174
附录 B 保护板熔断器配置说明 …………………………………………………………… 180
附录 C 部件单元工作原理 ………………………………………………………………… 183
附录 D 资源冲突 ……………………………………………………………………………… 193
附录 E 实验教学光盘程序清单 …………………………………………………………… 194
参考文献 …………………………………………………………………………………………… 195

第1篇
LabVIEW 7.1 基础

LabVIEW 是用于建立测试、测量和自动化应用的一门用图标代替文本行图形化语言。与基于文本的编程语言不同,LabVIEW 使用数据流编程,数据流决定程序的执行。在 LabVIEW 中,使用一组工具和对象来建立用户界面,用户界面称为前置板;使用函数的图形表示代码称为程序框图。在某些方面,框图类似于流程图。

LabVIEW 的灵活性、模块化以及其编程的便利性使它流行于各大学的实验室中。与其他仿真软件相比,其强大的与硬件结合甚至是"植入"硬件的功能使得它更容易在硬件上实现,从而也更容易检验所设计算法和系统的正确性、有效性与实用性。

第1章

LabVIEW 7.1 概述

1.1 LabVIEW 7.1 的安装流程

LabVIEW 的安装光盘分几类，包括 LabVIEW 主程序光盘、驱动光盘、各种模块和工具包的安装光盘，以及外设的驱动程序光盘等。

首先，将 LabVIEW 7.1 的主程序光盘插入光驱（若磁盘上有安装文件，也可以直接单击安装执行程序 Setup.exe），弹出如图 1-1 所示的初始化界面。

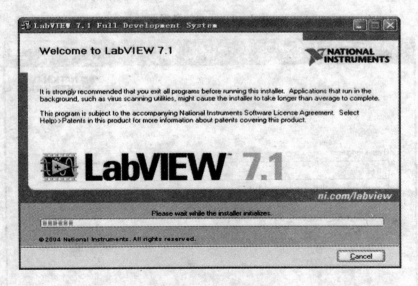

图 1-1 初始化界面

初始化完毕后，弹出如图 1-2 所示的用户信息界面，在文本框中输入用户名（Full Name）、组织（Organization）以及序列号（Serial Number）等必要信息后，只需要按照界面提示选择相应的安装目录（Destination Directory）以及同意各项安装协议，并单击 Next 按钮，Windows 将自动进行程序安装，如图 1-3 所示。

虚拟仪器教学实验简明教程——基于 LabVIEW 的 NI ELVIS

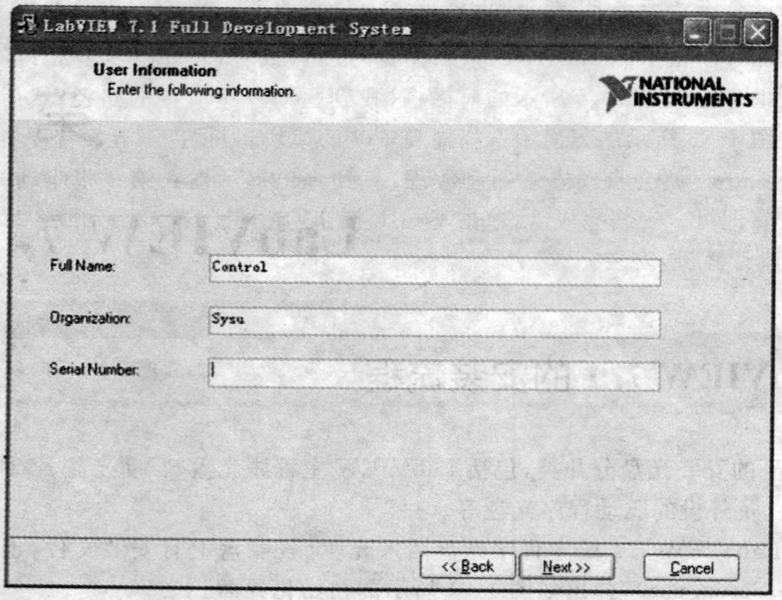

图 1-2　用户信息界面

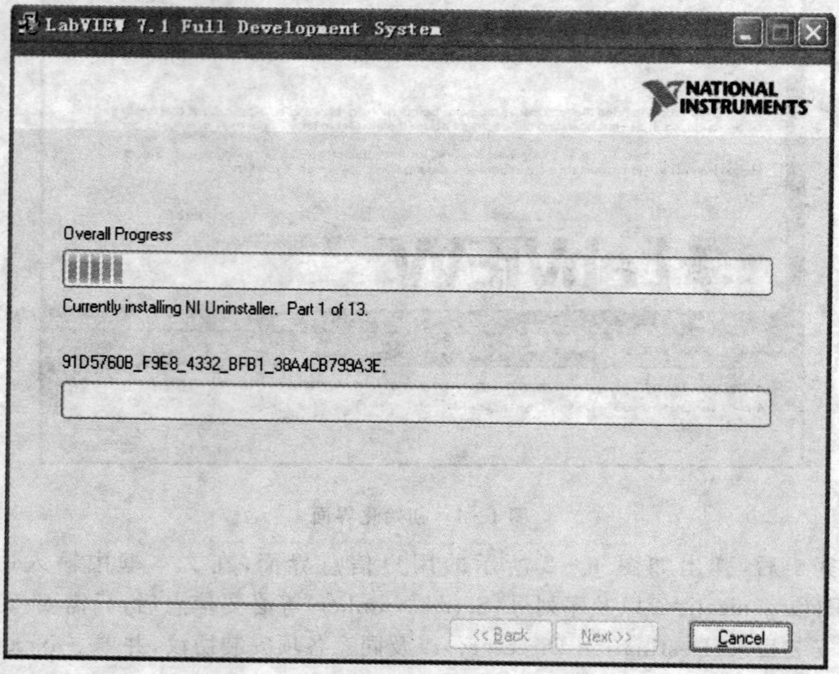

图 1-3　主程序安装界面

LabVIEW 7.1 概述

主程序安装结束后系统会弹出对话框提示安装驱动光盘,如图 1-4 所示。此时只需将驱动光盘插入光驱并单击 Rescan Drive(重新浏览)按钮,或者,若硬盘上有相应的驱动程序,单击右边的小方框弹出如图 1-5 所示的对话框,找到驱动程序所在的路径,然后单击 Select 按钮。接下来在图 1-6 所示的界面中选择需要安装的模块,根据提示界面接受各种协议并单击 Next 按钮,Windows 就会自动安装驱动程序,直到弹出提示插入第 2 张驱动光盘的对话框,重复同样的步骤即可。安装完成后,单击 Finish 按钮,弹出图 1-7 所示的结束界面,单击 Restart 按钮,重启计算机,安装完成。

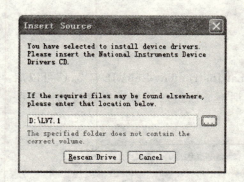

图 1-4 安装驱动提示界面

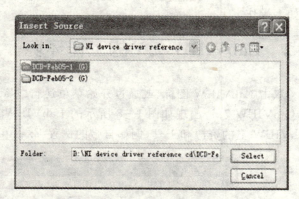

图 1-5 选择驱动光盘对话框

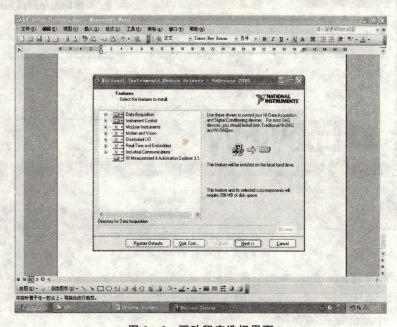

图 1-6 驱动程序选择界面

接下来,若需要安装特定的工具包和模块,如控制设计包、仿真模块、实时模块,以及系统辨识工具包等,只需将相应的光盘插入光驱,重复上述的操作,Windows 将自动安装程序。

最后,如果配备有其他外部 I/O 设备,如数据采集卡等,还要安装指定的驱动程序,同理如上操作。

图 1-7 安装结束界面

1.2 LabVIEW 7.1 的工作环境

双击 LabVIEW 图标,或通过开始菜单运行"National Instrument LabVIEW 7.1"可以启动 LabVIEW 7.1,出现如图 1-8 所示的 LabVIEW 对话框。通过对话框可以直接访问某些 LabVIEW 上的资源和工具,例如自带的例程 Examples。

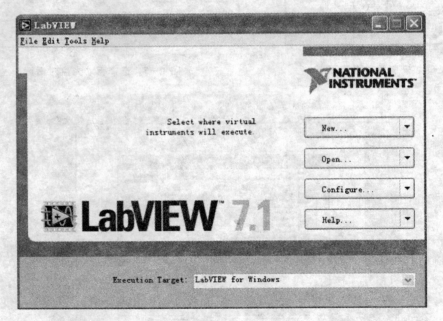

图 1-8 LabVIEW 对话框

图 1-8 中各按钮的功能说明如下所示:
① New   创建/设计新的 VI,可采用 VI 模板或创建一个空白 VI;
② Open   打开已存在的 VI;

③ Configure　打开 Measurement & Automation Explorer 界面,对与计算机相连接的仪器进行配置;

④ Help　获取 LabVIEW 的相关帮助。

1.2.1　前置板与流程框图

LabVIEW 与虚拟仪器有着密切的关系,因此,所有在 LabVIEW 中开发的程序都简称为 VI,后缀名为.vi,并且都包括两个部分:前置板(Front Panel)与流程框图(Block Diagram)。通过单击图 1-8 中 New 按钮下拉菜单中的 Blank VI 选项,即创建一个新的空白 VI,弹出如图 1-9 所示前置板与流程框图界面。

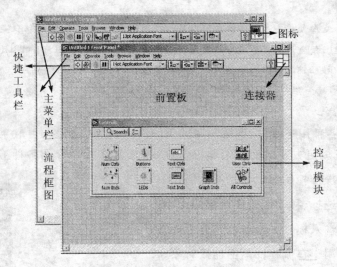

图 1-9　前置板与流程框图

前置板是图形界面,是设计者与用户交互的界面。设计者在前置板放入控制模板上的控件,包括控制器(Control)和指示器(Indicator),供用户相应地输入或输出数据。

流程框图也称后置板,是图形化程序的源代码。流程框图上的编程元素除了有与前置板对应的控制器和指示器的连线端子(Terminal)外,还有相应的功能函数、子 VI、结构框图、各种常量以及将它们相互连接的连线等,后续章节将作具体介绍。

如果将前置板比作标准仪器的仪器面板,则流程框图就相当于仪器箱内的功能部件。从图 1-9 可以看到,这两个窗口的构成基本上是一致的,均由主菜单栏、快捷工具栏以及图标(Icon)构成。除此之外,前置板的图标可以转化成连接器(Connector)界面,图标与连接器主要用于构建子 VI,后续章节将详细介绍。

注意:利用组合键<Ctrl+E>可以在前置板和流程框图之间相互切换;

通过选择菜单 Window→Tile Left and Right 可以使前后置板两个窗口在屏幕上纵向平铺,同理,选择 Window→Tile Up and Down 可以将两个窗口横向平铺。

1.2.2 LabVIEW 的操作模板

在一个 VI 的开发过程中,设计者主要利用 LabVIEW 提供的 3 个模板(Palette)完成 VI 前置板和流程框图的设计任务,它们分别是:工具模板(Tool Palette)、控制模板(Control Palette)和函数模板(Function Palette)。一般在创建或打开新 VI 时,相应的模板都会自动出现在屏幕上,如果模板没有显示出来,可以通过选择菜单项 Window→Show＊＊Palette 显示,其中＊＊＊即为相应模板的名称。

注意: 控制模板只对前置板有效,因此只有在前置板被激活的时候才会显示。相应地,函数模板只对流程框图有效。

在前置板的空白处单击鼠标右键也可以显示控制模板,此时控制模板仅仅是浮动于前置板上,点击鼠标右键后便会消失。将鼠标移至控制模板左上角的大头针图标 处,就会发现图标变为 ,单击该按钮就可以将控制模板固定在前置板上,如图 1-9 中所示。

同理,可以对流程框图上的函数模板作一样的操作。

1. 工具模板

工具模板提供各种用于操作、编辑和调试 VI 程序的工具,如图 1-10 所示。从模板中选择一种工具后,鼠标就可方便地变成工具相应的形状。以下简单介绍各种工具的作用。

图 1-10 工具模板

操作工具:操作控制器或显示器的值;

选择工具:选择、移动或改变对象的大小;

标签工具:输入标签文本或创建自由标签;

连线工具:用于在流程框图上连接对象;

快捷菜单弹出工具:单击鼠标右键可以弹出对象的快捷选单;

漫游工具:不使用滚动条而在窗口中漫游;

断点工具:在 VI 流程框图的对象上设置断点;

探针工具:在流程框图程序内的数据流线上设置探针;

颜色提取工具:提取颜色,用于编辑其他对象;

颜色工具:与颜色提取工具配合使用,用于给对象定义颜色。

若选中工具模板最上端的自动选择工具 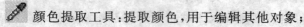(此时绿灯亮),则在前置板和流程框图的对象上移动鼠标时,LabVIEW 会根据对象的类型以及位置的不同而自动选择合适的操作工具,并且此时鼠标箭头就会变成相应的形状。

2. 控制模板

LabVIEW 将传统仪器上的各种旋钮、开关、显示屏等所有可能涉及的操作部件都做成外形相似的"控件",分类存放在控制模板上。单击图 1-9 中所示的控制模板的 All Controls 按钮可以查看所有的"控件"。如图 1-11 所示为其所有按层次分组排列的子模板,包括数值、布尔值、字符串和路径、数组和簇、列表以及图形等,后续章节将作具体介绍。每个子模板的"控件"基本上都分两种类型,即控制器(Control)和指示器(Indicator)。若与传统仪器作比较,则控制器相当于输入设备,而指示器则类似于输出设备。

LabVIEW 中的模板都是按层次组织的(包括控制模板和函数模板),在默认情况下单击某个子模板时,将会用子模板替换原来的模板。每个模板界面都有如图 1-11 所示的工具条,其 3 个按钮的功能如图中所示。因此,要返回上一层模板或搜索某个具体的控件或函数可以分别单击 Up 和 Search 按钮。若拖动改变了模板的大小,则工具条上会增加 1 个 Restore 按钮 ,单击它则可以将模板恢复到原来默认的大小。

接下来以数值子模板为例说明控制器与指示器的区别。单击图 1-11 中所示的 Numeric 按钮,则数值子模板替换原来的模板,如图 1-12 所示。

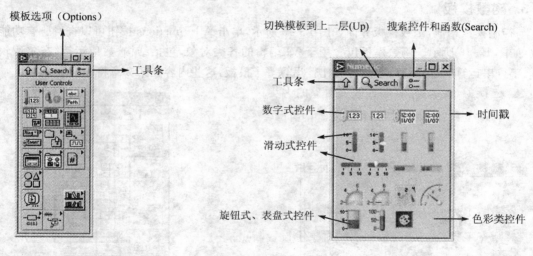

图 1-11 控制模板　　　　　　图 1-12 数值子模板

从图 1-12 中可以发现,数值子模板主要包括几类控件,如数字式、滑动式、旋钮式和表盘等。每一类控件基本上都有两个对象,即相应的控制器与指示器。以数字式控件为例,单击 Numeric Control 按钮并将它直接拖动放置在前置板上,然后右击该控件弹出其快捷菜单,如图 1-13 所示。选择快捷菜单中的 Change to Indicator 选项即可将控制器转换为对应的指示器(若原控件为指示器,则相应的选项为 Change to Control)。图 1-14 为该数值控件在流程框图中的示意图。从快捷菜单中可以发现,不仅可以将控制器转换为指示器,而且还可以通过选择 Change to Constant 选项将其转换为数值常量。选项 Hide Control 用于隐藏前置板的控制器。

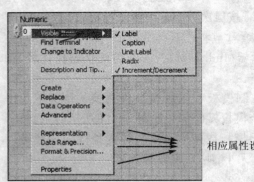

相应属性设置

图1-13 数值控制器及其快捷菜单　　　　图1-14 流程框图中数值控制器及其快捷菜单

3. 函数模板

与控制模板相似,函数模板界面如图1-15所示,单击 All Functions 按钮可以查看所有功能函数,如图1-16所示。函数模板包含用于 VI 编辑的各类对象,包括结构、数值运算、布尔逻辑运算、字符串运算、数组运算、簇运算和比较运算等子模板,这些内容在第2章将作详细介绍。

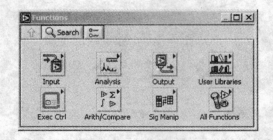

图1-15 函数模板

图1-16 所有功能函数

巧妙地采用图1-14中快捷菜单中的Create选项,在编辑VI程序代码时可以很方便地为原有控制器(指示器)创建对应的指示器(控制器),其作用在进行簇函数操作时尤其明显。

1.3 LabVIEW 7.1的基本操作

1.3.1 VI的创建

如1.2节所述,一个新VI的创建有两种方式:一种方式是通过New按钮下拉菜单中的Blank VI选项创建一个空白VI;另一种方式是直接单击New按钮(或在其下拉菜单中选择New选项),弹出如图1-17所示的New对话框,从而选择创建一个空白VI、模板VI或其他文件类型(如全局变量等)。若现场已有打开的VI,则可以通过选择菜单栏中的File,在下拉列表中选择相应的New VI或New选项创建VI。

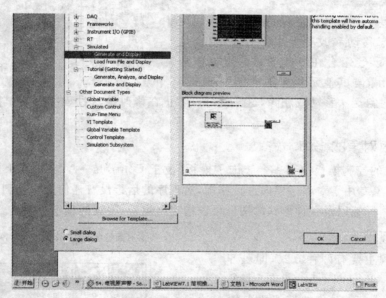

图1-17 New对话框

1.3.2 VI的编辑

创建一个新VI后,可以通过拖动的方式从控制模板或函数模板上分别选取对象放置在前置板和流程框图上,对所有对象的基本操作包括选择、移动、删除、复制和粘贴等,这些都与Windows系统的基本操作一样,在此不作赘述。仅对LabVIEW 7.1特有的其他编辑技术作简单的介绍。

移动对象时，选择对象的同时按下＜Shift＞键，则可以限制对象只能在水平或竖直方向上移动，移动的方向由开始时的方向决定。

复制对象时，除了采用＜Ctrl＋C＞组合键等常用方式外，也可以采用按住＜Ctrl＞键的同时拖放对象，后一种方式通常也称作克隆对象。复制与克隆对象在很多情况下完全相同，但对于流程框图上的局部变量（local variable）和属性节点（property node），复制操作会建立新的前置板控制器或指示器，而克隆操作仅仅为前置板原先的对象创建新的局部变量或属性节点。

1. 重排序对象

在图1-9中，前置板和流程框图窗口的快捷工具栏右端均有一个"重排序"（Reorder）按钮，它用于指定堆叠的对象的叠放顺序，其图标为 。单击该按钮弹出下拉菜单，如图1-18所示，下拉菜单包括组合与取消组合、锁定与解锁定以及前后移动对象等。

组合后的多个对象可以在保持相对位置和比例的情况下一起移动和改变大小。另外，组合是有层次的，几个已经组合在一起的对象可以作为一个新的独立元素与其他元素组合。

图1-18 重排序按钮命下拉菜单

被锁定的对象无法移动或删除，这样就可以防止在修改编辑过程中因为误操作而改动已有对象的位置。

2. 前置板对象的修饰

LabVIEW的控制模板中有一个修饰子模板，位于Controls→All Controls→Decorations中，模板中的对象专用于对程序界面进行修饰，对程序的运行没有任何影响。利用修饰子模板中的线条、箭头、标签以及各种形状的图框可以构建出生动、美观的程序界面。

3. 排列对象

对象的排列主要有两种方式，即对齐对象（Align Objects）和分布对象（Distribute Objects），对应的按钮为前置板和流程框图快捷工具栏上的图标 和 。两者的下拉菜单中各选项的含义如图1-19和图1-20所示。

此外，前置板快捷工具栏上还有另一个用于调整对象大小（Resize Objects）的按钮 ，其下拉菜单选项的含义如

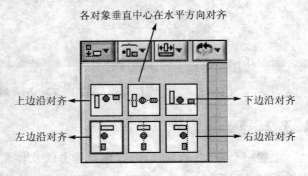

图1-19 对齐对象下拉列表

图 1-21 所示。当然,单个对象大小的调整可以直接通过选择拖放的方式进行。

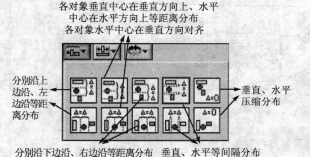

图 1-20 分布对象下拉列表

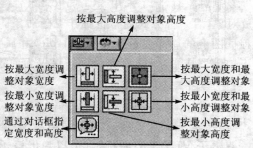

图 1-21 调整对象大小下拉列表

4. 关于连线

LabVIEW 中的连线和交点有 4 种类型:单独一条垂直或水平连线称为线段(Segment);两条不同方向的线段相交的点称为拐点(Bend);三条或以上的线段的汇聚点称为交叉点(Junction);两个交叉点之间、对象和交叉点之间、对象之间若没有其他的交叉点,则称该连线为分支(Branch)。具体如图 1-22 所示,图中共有 4 条线段、1 个拐点、1 个交叉点、3 条分支。

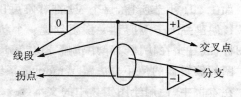

图 1-22 连线类型

选择连线的方法也相应的有 3 种:单击选择线段;双击选择分支;三击选择整条连线。

1.3.3 子 VI(SubVI)

VI 具有结构化的特征。创建一个 VI 后,它可以作为一个子 VI 在高层 VI 的流程框图程序代码中使用。相对于传统程序设计语言而言,子 VI 就相当于一个函数、过程或子程序,可供其他 VI 调用。子 VI 的引入使 LabVIEW 程序更具层次化和模块化,使程序的结构更加简洁。

1. 创建子 VI

子 VI 的创建有两种方法:一种为首先直接创建一个普通 VI,然后将其作为一个子 VI 使用即可;另一种方法使从一个现有的 VI 中选定部分内容创建一个新的子 VI。以下着重讲述后者。图 1-23(a)所示为如何实现计算 x 和 y 平方差的一个程序。现如图 1-23(b)所示选中两个乘法器与减法器,通过选择主菜单项 Edit→Create SubVI,出现如图 1-23(c)所示界面,此时便创建了一个平方差子VI。

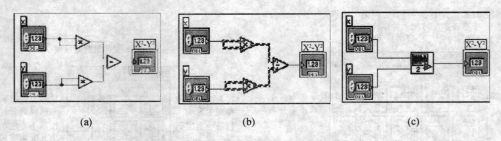

图1-23 从VI选定部分内容创建子VI

双击子VI的节点图标,则可以弹出该子VI的前置板和流程框图界面。可以发现,该子VI仍然可实现计算两个输入参数平方差的功能。

成功创建一个子VI后,只需在函数模板上选择All Functions→Select a VI,在弹出的对话框中选中建立好的子VI,将其像普通LabVIEW函数一样放置在框图上即可。

2. 图标(Icon)

如1.2.1小节所述,每个VI都有唯一的图标作为标志。为了在流程框图中识别不同的子VI,创建一个子VI后,一般要创建一个新的图标。双击图1-9前置板或流程框图右上角的图标(或右击在快捷菜单中选择Edit Icon选项),即可以弹出如图1-24所示的图标编辑器。图标编辑器的使用方法跟Windows系统自带的绘图工具是基本一致的,在此不作详细介绍。在本例中,使用绘图工具中的文本(text)工具在图标上输入X^2-Y^2作为子VI的图标,然后单击OK按钮保存对图标所做的修改并退出图标编辑器。可以明显发现,子VI前后置板右上角的图标均变为图1-25(a)所示图形,而图1-23(c)中子VI节点位置的图标也相应改变,如图1-25(b)所示。

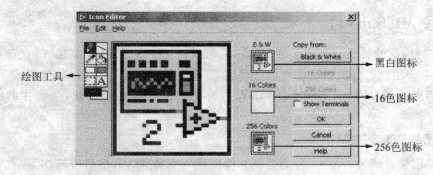

图1-24 图标编辑器

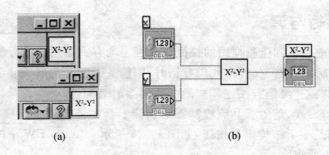

图 1-25 修改后相应的子 VI 图标

3. 连接器

连接器端口是 VI 程序数据的输入/输出接口。右击前置板图标并在快捷菜单中选择 Show Connector，则出现子 VI 的连接器，如图 1-9 中所示。在一般情况下，如果子 VI 是从 VI 选定内容创建的，则此时连接器的定义已经默认完成。若对一个普通 VI 定义其连接器，则必须分别定义端口数目和端口对象。

首先，确定输入输出端口的数目，在连接器上右击，出现图 1-26 所示的快捷菜单，按照快捷菜单中各选项的作用选择合适的输入输出端口数目以及显示模式。其次，定义端口对应的对象，方法是先将光标移动到连接器中欲定义的某个端子上（端子此时为白色），然后单击，选中该端子（端子变为黑色），最后单击前置板相应的对象控件，控件周围会出现虚线框，表示处于选中状态（端子相应地变为与该控件数据类型对应的颜色）。

用同样的方法重复定义其他端口，完成后保存子 VI，至此才算成功创建了一个子 VI。

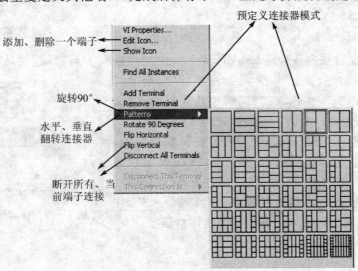

图 1-26 连接器快捷菜单

1.3.4 VI 的运行与调试

如图 1-9 所示,前置板和流程框图的快捷工具栏上均有一排用于运行 VI 程序的按钮,其相应功能如图 1-27 所示。当 VI 程序代码有错时,则箭头以断开的形式显示,即 ；若程序正在运行中,则运行按钮或连续运行按钮相应地变为实心的箭头,即 。

从图 1-9 中可以发现,前置板和流程框图的快捷工具栏基本上是一模一样的,流程框图与前置板最大的区别是多了一排调试按钮,如图 1-28 所示。LabVIEW 中的调试技术主要包括下面 4 种,分别如下所述。

图 1-27 运行按钮　　　　　　　　图 1-28 调试按钮

① 高亮执行　使程序的运行速度大大降低,从而方便观察数据流的流动方向。
② 单步执行　包括单步跳入、单步跳过、单步跳出三种。单步执行可以使程序代码按一个个节点的顺序执行。
③ 断点设置　利用工具模板上的断点工具为程序代码中的子 VI、节点或连线等添加断点,程序运行到断点位置时就会自动停止。
④ 探针设置　同样利用工具模板上的探针工具在数据流过之前添加探针,由此可以检查 VI 运行时的即时数据。

1.4 Express VI

Express VI 又称快速 VI,是 LabVIEW 7.x 中增加的一个新功能,就是将一些常用功能打包、封装在简单易用、交互式的 VI 程序中,从而帮助初学者避开复杂的连线而快速入门;同时也达到减少连线、简化框图的作用,为用户提供了方便简洁的编程途径。

如图 1-29 所示,Express VI 一般位于函数模板上,其图标都是由蓝色边框包围的,与其他 LabVIEW 函数可以明显区分开。一般将 Express VI 放置在流程框图上时,就会自动弹出其各种参数和属性的设置对话框;此外,在编程的过程中,也可以通过双击其图标弹出该对话框。

图 1-29 仿真信号 Express VI

第 2 章

LabVIEW 7.1 编程基础

2.1 数据组合:字符串、数组、簇和波形

LabVIEW 采用字符串、数组以及簇作为最基本的数据复合类型。字符串是一系列 ASCII 字符的组合;数组则用于组合同一类型的数据元素;而簇则用于组合混合类型的不同数据元素。波形可以认为是一种特殊类型的簇。

2.1.1 字符串(String)

字符串是一串 ASCII 码的集合,用于在程序中处理"文本"型的数据。

1. 字符串控件

前置板的字符串控件位于 All Controls→String & Path 上,同样有相应的字符串控制器和指示器,即 String Control 和 String Indicator。在控件上右击,弹出快捷菜单,如图 2-1 所示,可见字符串控件有 4 种显示方式。

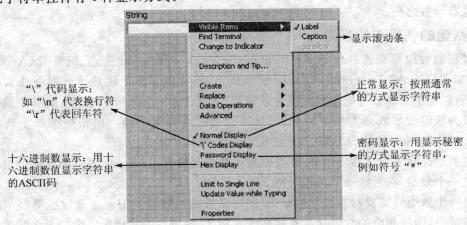

图 2-1 字符串控件快捷菜单

还有另外一个字符串控件称为 Combo Box,它的下拉菜单中可以有多个字符串,每个成为一个条目(Label),并对应一个值(Value),如图 2-2(a)所示。在 Combo Box 上弹出的快捷菜单中选择 Edit Items 选项,弹出图 2-2(b)所示的设置窗口。

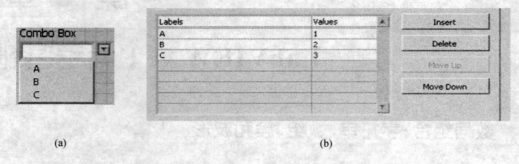

图 2-2 Combo Box 及其项目设置

2. 字符串函数

字符串处理函数位于 All Functions→String 子模板中。下面主要介绍 4 个常用的函数。
① String Length:返回字符串长度;
② Concatenate String:将几个字符串合并成一个输出字符串;
③ String Subset:从字符串中提取子串,该子串从偏移量 offset 开始,长度为 length;
④ To Upper Case 和 To Lower Case:字符大小写转换。

2.1.2 数组(Array)

数组是相同数据类型的集合。与其他传统编程语言中的数组概念类似的是,LabVIEW 的数组也有维数之分。

1. 数组的创建与初始化

前置板的数组框架控件位于 All Controls→Array & Cluster 上,数组常量(Array Constant)框架则位于 All Functions→Array 子模板上,将它们直接拖放置于前置板或流程框图上,即分别创建了一个数组框架和数组常量框架,如图 2-3 所示。通过定位工具拖放数组索引则可以为数组增加或减少相应的维数,也可以通过在框架上弹出的快捷菜单上选择 Add Dimension 或 Remove Dimension 选项实现维数的增减。

数组的创建除了上述方法以外,还可以通过数组函数 Build Array 或循环结构的自动索引功能创建一个数组,在后续章节将作介绍。

创建一个数组后需要对其进行初始化,即定义数组的数据类型。定义数组类型的一种方法是直接赋值,即将相应的数组元素直接拖放入图 2-3 所示的元素区域内。合法的数组元素有数值控件、布尔控件、字符串、路径控件,甚至是后面将要介绍的簇等;另一种方法是利用数组函数 Initialize Array 对数组进行数据类型定义。

数组元素初始化后只显示一个，要显示多个数组元素，可以使用定位工具在数组框架的右下角向下或向右拖放，如右图 2-4(a) 和图 2-4(b) 所示。此时必须注意该操作与图 2-4(c) 的区别，图 2-4(c) 中进行拖放的是数组元素的大小。

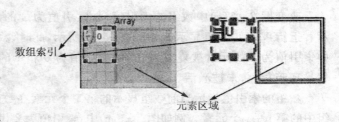

图 2-3 数组框架

改变元素个数和改变元素大小两种操作仅仅在于拖曳前鼠标位置的不同，鼠标的指针形状提示了拖放鼠标时完成的操作：鼠标指针为网格形状时，改变显示元素的个数；为箭头形状时，改变元素的大小。

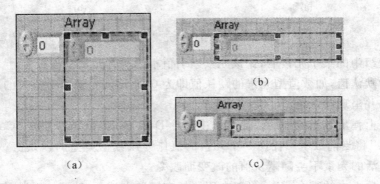

图 2-4 改变数组元素的显示个数和大小

初始化一个数组后，在程序中可以运行。接下来以数值型数组为例，介绍如何激活数组元素，即为数值型数组元素赋值。如图 2-5(a) 所示为一个单元素形态的数值型数组控制器，图 2-5(b) 为数值型数组显示器，两者在流程框图上直接相连。两个数组从外观上看，数组元素都呈暗灰色，表明其数组元素尚未激活。

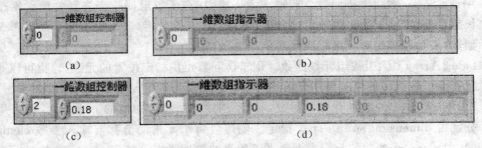

图 2-5 数值型数组控制器与指示器

改变图2-5(a)中数组的索引值,为索引值为2的元素赋值,设为0.18,如图2-5(c)所示。运行VI后,数组显示器如图2-5(d)所示,此时,数组索引值为0~2的元素被激活了,其中索引值为2的元素被复制为0.18;索引值为0和1的元素被默认赋值为0。剩下的元素仍然呈现暗灰色,未被激活。

数组的索引值指示当前数组显示的第1个元素在数组中的位置,即索引值为n的元素为数组中的第n+1个元素。例如图2-5(c)中,索引值为2代表该数组的第3个元素的赋值为0.18。

若采用定位工具在数组框架的右下角向右拖曳显示多个数组元素,如图2-6(a)所示,可以发现数组仅从第3个元素,即索引值为2的元素开始显示。想要显示前面的元素,只需修改相应的索引值,例如从第1个元素开始显示,则将索引值改为0,如图2-6(b)所示。

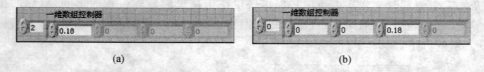

图2-6 索引值对元素显示的影响

当激活数组中的某个元素后,比该元素索引值小的所有元素都被激活,且自动被赋予该元素数据类型的默认值,如数值型元素的默认值即为0,而比该元素索引值大的所有元素仍然保持未激活状态并呈现暗灰色。

在前置板上弹出数组控件的快捷菜单中选择 Data Operations→Make Current Value Default 选项,可以将当前数组中任何一个元素的值作为该数据类型的默认值。但是要注意,在之前已经被激活的元素不会随默认值的改变而改变。

若要删除数组中的某个元素,可以在用鼠标右键单击该元素,弹出其快捷菜单并选择 Data Operations→Delete Element 选项。

2. 数组函数

基本的数组函数位于 All Functions→Array 子模板上,下面仅就4个重要而常用的函数作一介绍。

① Array Size 数组大小函数。若输入为一维数组,函数返回一个表示数组元素个数的长整型数;若输入为多维数组,则返回值是一个一维数组,数组中的每个元素都是长整型数,表示原数组对应维数的元素个数。

② Index Array 索引数组元素函数。用于访问数组中指定位置的元素,输出可以是一个元素或子数组。使用时要注意上述所说的索引值与数组元素位置之间的关系。

③ Initialize Array 初始化数组函数。用于创建一个包含初值的n维数组,每一维长度分别由 dimension size 0~n-1 指定。创建后每个元素的值都与输入参数 element 相同,即element参数的数据类型定义了数组的数据类型。该函数具有给数组分配内存

的作用。

④ Build Array 构建数组函数。用于把多个数组合并成一个新数组或给数组添加元素。该函数创建时只有一个标量输入端,可通过快捷菜单选择 Add Input 或 Remove Input 选项添加或删除输入。

此外,鼠标右击 Build Array 函数,在快捷菜单上有一个 Concatenate Inputs 选项,打开和关闭该选项为函数的两种组合方式:当 Concatenate Inputs 被打开时,输出 appended array 是把所有输入进行连接的结果,其维数与所有输入参数中的最高维数相同;当 Concatenate Inputs 被关闭时,所有的输入参数的维数必须相同,appended array 比输入参数高一维。

因此,若输入参数维数相同,则 Concatenate Inputs 的打开与关闭是可选的;若输入参数维数不同,则 Concatenate Inputs 被打开且不能关闭;若输入参数均为标量,则 Concatenate Inputs 自动关闭且不能被打开,输出为一维数组,按顺序包含所有输入参数。具体如图 2-7 例子所示。

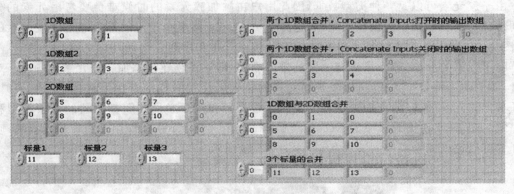

图 2-7 Build Array 函数的应用

2.1.3 簇(Cluster)

簇与数组十分类似,都是一种复合数据类型,只不过数组只能包含同一类型的元素,而簇可以包含任意数目、任意类型的元素。簇相当于 C 语言中的结构(Structure)。

1. 簇的创建

与数组一样,簇框架位于 Controls→All Controls→Array & Cluster 子模板上,而簇常量则位于 Functions→All Functions→Cluster 子模板上。将两者分别置于前置板和流程框图上,便创建了一个簇框架,然后将相应的簇元素拖曳入框架内即可创建一个簇。由于簇可以是各种类型数据的组合,因此,可以把各种控件如数值型、布尔型、字符串甚至数组等作为簇元素。图 2-8 所示为相应的簇框架和簇常量。

此外,与数组的 Build Array 函数类似的是,通过后面将要介绍的 Bundle 函数也可以创建一个簇。

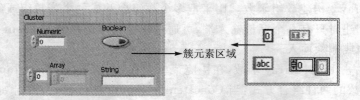

图2-8 簇框架与簇常量框架

簇元素只能为控制件或指示件,且不能同时包含两种。一个簇是控制簇还是指示簇取决于第一个放进簇框架中的元素是控制器还是指示器。若第1个放入的是一个控制器,则此后放入簇框架中的所有元素必为控制器,即使放入一个指示器,LabVIEW也会自动将其转换为相应类型的控制器,反之亦然。

由于簇元素可以是各种类型数据,因此用户在添加簇元素的时候难免要考虑元素的分布排列情况。在簇框架上弹出快捷菜单,选择AutoSizing菜单中相应的选项即可实现元素的分布,图2-9为图2-8中簇常量框架中元素的相应分布和排列。

除了元素的分布,簇元素还有一定的排列顺序,即簇在创建时添加各个元素的顺序。观察图2-9中的三种分布方式,可以发现簇元素的排列顺序是一样的。在为簇指示器赋值时,就必须考虑簇元素的排序,作为数据源的簇的元素类型和排序必须与簇指示器的元素类型和排序一致。图2-9快捷菜单中的Recorder Controls In Cluster选项即用于编辑簇元素的顺序,选择它可以进入元素顺序的编辑状态,如图2-10所示。

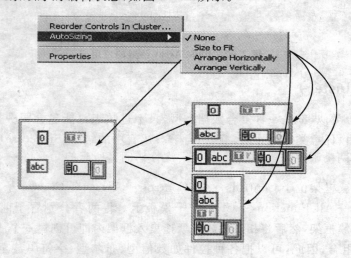

图2-9 簇元素的分布与排列

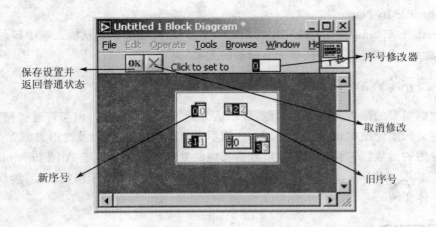

图 2-10 簇元素排序编辑状态

2. 簇函数

基本的簇函数位于 All Functions→Cluster 子模板上,下面介绍 4 个常用的函数。

1) Bundle

Bundle 函数如图 2-11 所示,用于将几个不同数据类型的数据打包成一个簇,或者修改簇中的某一个元素值。合并不同数据类型时只需将所需的簇元素直接与左侧端子相连,输出簇中的元素的排序与 Bundle 函数左侧端子自上而下的顺序一致;若要改变给定簇中的某一个元素值,则将该簇与节点中间的 cluster 输入端子相连,此时左侧端子就会显示该簇所包含的所有元素的数据类型,为需要修改的元素创建相应的控件即可。

2) Unbundle

Unbundle 是 Bundle 的逆过程,主要用于对输入簇进行解包。与数组中的 Index Array 函数相比较,尽管数组和簇都是用户构造的数据类型,但数组中的元素每次只能通过 Index Array 函数访问一个,而簇通过 Unbundle 以及后面的 Unbundle By Name 两个函数的解包作用,可以一次性访问其所有的元素。

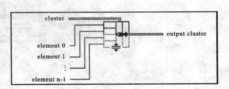

图 2-11 Bundle 函数

3) Bundle By Name

Bundle By Name 函数与 Bundle 函数的区别在于,它无法创建一个簇,而只能按照簇中元素的名称修改簇中的某些元素。因此,函数节点中间的 input cluster 输入端子是必须被接入的,并且要求输入簇的元素至少有一个标签,没有标签的元素无法使用 Bundle By Name 函数修改它的值。

4) Unbundle By Name

Unbundle By Name 是 Bundle By Name 的逆过程,其功能就是从输入簇中解包指定名称的元素,因此,使用该函数只能获得拥有标签的元素。

2.1.4 波形(Waveform)

波形数据类型的结构和簇非常相似,可以认为是特殊类型的簇。但与普通簇相比,波形数据具有预定义的固定结构,它由起始时刻 t_0、波形采样时间间隔 dt 以及波形数据 Y 组成,并且只能使用专用的函数打包和解包。波形数据相应的处理函数主要位于 All Functions→Waveform 子模板以及 All Functions→Analyze→Waveform Generation 子模板上,后续章节图形控件中再作具体介绍。

2.2 程序结构

通过选择 All Functions→Structures 项可以查看 LabVIEW 的结构子模板,如图 2-12 所示。

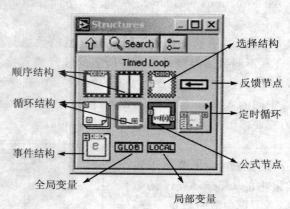

图 2-12 结构子模板

2.2.1 循环结构

1. While 循环(While Loop)

单击图 2-12 结构子模板上的 While Loop 模块,此时鼠标指针变为缩小的 While 循环的样子,然后移至流程框图上,在适当的位置上按下鼠标左键不放,并拖曳出适当大小的虚线框,松开鼠标时即创建一个 While 循环框,如图 2-13(a)所示。

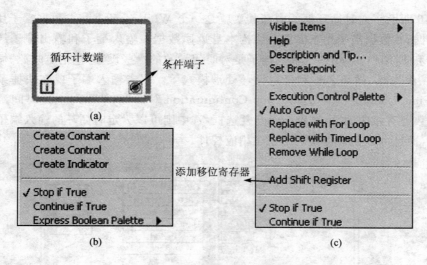

图 2-13 While 循环及其快捷菜单

若与 C 语言相比较,则 While 循环相当于 do while 语句。在图 2-13(a)中,循环计数端用计算循环框体中代码执行的次数 i,i 的初始值为零。条件端子用在每次循环结束后判断循环是否继续执行。显然,While 循环框中的代码至少执行一次。鼠标右击条件端子并弹出快捷菜单,如图 2-13(b)所示,可见循环继续的条件有两种,分别为 Stop if True 和 Continue if True,通过 Create 操作就可以方便地为循环条件端子创建相应的控制按钮或常量等。在 While 循环的边框上单击鼠标右键同样可以弹出快捷菜单,如图 2-13(c)所示,通过快捷菜单可以实现 While 循环与 For 循环以及定时循环结构的互换,还可以为循环结构添加移位寄存器。关于移位寄存器的内容将在后续章节介绍。

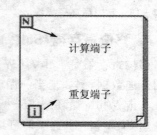

图 2-14 For 循环

2. For 循环(For Loop)

创建一个 For 循环的步骤与创建 While 循环是一样的,如图 2-14 所示。For 循环相当于 C 语言中的 for 语句,即循环的次数可以预先设定。在本图中,计算端子用于预设程序代码要重复执行的次数,重复端子输出的数值为已经执行循环的次数。

3. 定时循环(Timed Loop)

定时循环的所有模块位于 All Functions→Structure→Timed Loop 子模板上,如图 2-15 所示。

从子模板上创建一个定时循环的步骤与创建 While 循环和 For 循环是一致的,定时循环框如图 2-16 所示。定时循环框的内部其实就是一个 While 循环框。左数据端子用于向循环内部提供数据,右数据端子用于向循环结构本身返回数据。输入端子和输出端子最上端分别为 Error In 和 Error Out 端口。输入端子是对时间参数的一些设置,包括定时源、循环周期和起始偏移量、优先级、循环名称和延迟循环处理模式等。双击输入端子或在快捷菜单中选择 Configure Time Loop 选项,可打开 Loop Configuration 对话框,从而对上述时间参数进行配置。每个参数还有相应的 Use Terminal 复选框,选中则可以为定时循环的输入端子增加相应的输入端口,而且可以在编程代码中创建相应控件。

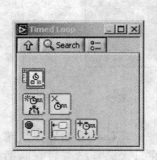

图 2-15 定时循环子模板

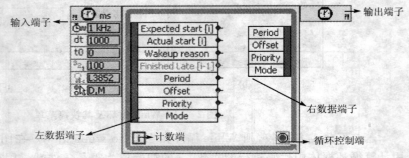

图 2-16 定时循环结构框

4. 移位寄存器(Shift Register)

移位寄存器是 LabVIEW 循环结构独具特色的附加对象,利用移位寄存器可以在不同循环间传递数据,例如把当前循环完成的某个数据传递给下一次循环。

右击 While 循环或 For 循环的边框都可以弹出如图 2-13(c)所示的快捷菜单,通过选择 Add Shift Register 选项即可给循环结构添加一对移位寄存器,重复同样的操作步骤可以继续为循环结构添加多对移位寄存器,如图 2-17(a)所示;在某一对移位寄存器上右击(无论是左端子还是右端子)弹出快捷菜单,则可以通过选择 Add Element 或 Remove Element 选项为选中的移位寄存器对增加或减少寄存器的个数,如图 2-17(b)所示;也可以直接使用定位工具拖曳最下面的左端子的下边沿(或最上面的左端子的上边沿),拖曳过程中的虚线格个数代表要增加的寄存器格式,如图 2-17(c)所示。注意比较图 2-17(a)和图 2-17(c)之间的区别:一对移位寄存器可以有多个左端子,每个左端子分别代表前几次循环相应的值;但是一对移位寄存器只能有一个右端子,每次循环结束后均把最新的值送到右端子。同一个循环结构可以有多对移位寄存器。

移位寄存器数据的流动如图 2-18 所示。

在图 2-18 中,在循环开始之前对寄存器的初始化是通过从循环外部将数据或控件连接到左端子上实现的。每次执行 VI,即每一次执行代码,移位寄存器均会被重新初始化,因此每次执行 VI 所得到的结果必然是一致的。

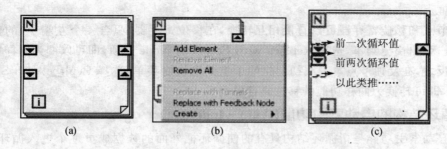

图 2-17 移位寄存器的相关操作

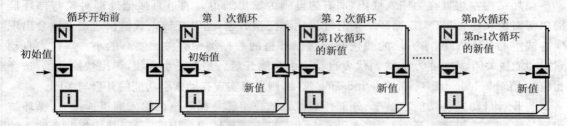

图 2-18 移位寄存器数据的流动过程

未经外部初始化的移位寄存器,在首次执行 VI 时,它的初始值为其相应数据类型的默认值;若数据类型为布尔型,则初始化值为假;若数据类型为数值型,则初始化值为 0。存储在移位寄存器中的数据会一直到关闭 VI 时才从内存中删除。因此,未初始化的移位寄存器在每次执行 VI 完成时,寄存器均会保留上一次循环的最终值,在不关闭 VI 并再次运行的情况下,移位寄存器就会以上一次循环的最终值作为本次执行的初始值。显然,在这种情况下,移位寄存器仅仅在首次运行时被默认值初始化一次,所以每次执行 VI 所得到的结果一般都是不一样的。因此,想要使每次运行结果一致,就必须在外部初始化移位寄存器。

5. 反馈节点(Feedback Node)

反馈节点和只有一个左端子的移位寄存器的功能完全相同,同样用于在两次循环之间传递数据,是一种更简洁的表达方式。但要注意,反馈节点只能在 While 循环和 For 循环结构中使用。反馈节点的箭头方向是向左还是向右无关紧要,数据在本次循环结束前从箭尾流入,在下一次循环开始后从箭头流出。

可以直接从结构子模板上将反馈节点拖曳至循环框体中,从而创建一个反馈节点;也可以采用自动创建的方式。在循环结构里,当把子 VI,函数或者两者组合的输出接入它本身的输入时,反馈节点将被自动建立。

反馈节点也有自己的初始化端子,如果添加反馈节点时没有出现初始化端子,则可以在反馈节点上右击弹出快捷菜单并选择 Initializer Terminal 选项,则初始化端子就会出现在循环框的左边框上。

　　反馈节点和移位寄存器可以直接相互转换,在移位寄存器(只含一个左端子)的任何一个端子上右击弹出快捷菜单,选择 Replace with Feedback Node 选项,即可以变为同样功能的反馈节点。反之,在反馈节点本身或初始化端子上弹出快捷菜单,选择 Replace with Shift Register 选项,即可转换为同样功能的移位寄存器。

6. 循环结构的自动索引功能(Auto – Indexing)

　　所谓自动索引功能是指循环结构具有的使循环框外面的数据成员逐个进入循环框,或者使循环框内的数据累积成一个数组后再输出到循环框外的特性。

　　循环结构左边框称为输入通道,而右边框则为输出通道。通过直接把外部对象与循环框的内部对象相连,可以实现循环结构与外界代码交换数据,此时在输入或输出通道上就会出现实心或空心的小方块,小方块的颜色跟流过循环框的数据类型有关。实心的小方块代表自动索引功能被关闭,空心的小方块则代表自动索引功能开启。用右击小方块,弹出快捷菜单,选择相应的 Enable Indexing 或 Disable Indexing 选项,则可以实现自动索引功能的开启与关闭。

　　若开启自动索引功能,当一个外部任意维数的数组源与循环框的输入通道连接时,循环结构会从第一个数组元素开始,一次索引一个元素进入循环体内。因此,循环结构将一个输入的二维数组索引为一维数组,而将一个输入的一维数组索引为单个标量元素。反之,若循环框内的数据源与输出通道相连接,则循环结构执行相反的操作,用循环次数索引数组元素,因此各个元素将按顺序积累成一维数组,一维数组被积聚为二维数组等,如图 2 – 19 所示。

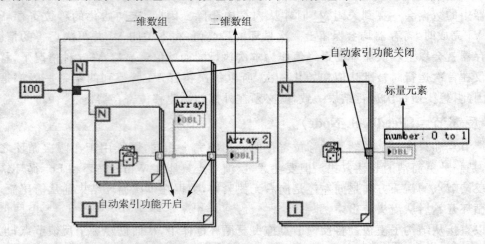

图 2 – 19　循环结构的自动索引功能

　　在上述三种循环结构中,只有 For 循环的自动索引功能是默认开启的,并且当输入为非数组数据类型时,三种循环在输入通道上的自动索引功能都是默认不能改变的。

7. 循环结构的延时问题

当循环结构满足循环条件时就会以最快的速度运行循环体内的代码程序,为了控制循环运行的速度,可以在循环体内加入延时函数,例如添加位于 Functions→Execution Control 子模板上的 Time Delay 函数,或添加位于 Functions→All Functions→Time & Dialog 子模板中的 Wait Until Next ms Multiple 函数,然后设置相应的时延参数即可。

2.2.2 选择结构(Case Structure)

选择结构又称 Case 结构,相当于 C 语言中的分支结构,即 Switch 语句。LabVIEW 中的 Case 结构包含多个子图形代码框,每个代码框中都有一段程序代码对应于一种情况或条件。每次只执行一个代码框中的程序代码。

1. 选择结构的创建

选择结构框的创建和循环结构框一样,图 2-20 所示为其各组成部分的名称。选择器端子的输入数据类型有 4 种,分别是布尔型、数值整型、字符串型以及枚举类型。Case 结构刚创建时,默认为布尔型,此时只有 True 和 False 两个代码框。在 Case 结构框上右击,弹出快捷菜单并选择 Add Case After 或 Add Case Before,就可以在当前代码框之后或之前增加代码框,然后依次在代码框内编辑相应的程序代码即可。若要重新排列代码框的顺序,可以在快捷菜单上选择 Rearrange Cases 选项,弹出 Rearrange Cases 对话框,对各个分支的顺序进行重新排列即可。

关于默认分支的问题,在 Case 结构中,要么在选择器标签上列出所有可能的分支情况,从而涵盖所有选择器端子的内容;要么设置一种默认情况,使得所有超出处理范围的情况按默认分支的代码执行,否则程序无法运行。

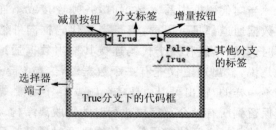

图 2-20 选择结构框

设置默认分支的方法是在目标分支下弹出快捷菜单并选择 Make This The Default Case 选项。若当前分支已经是默认分支,则该选项用 Remove Default 代替。

指定分支标签时可以按列表和范围指定。列表是由英文逗号分开的多个项目,而范围则用连续的两个英文句点表示:如"1,2,3"代表选择端子输入为 1,2,3 时都执行该标签对应的分支代码;而"1..3"则代表选择端子输入 1 到 3 之间的任何整数值时都执行该标签对应的分支代码。另外,指定分支标签时还可以指定开放的范围,如"..3"代表匹配所有小于或等于 3 的整数值;而"1.."则代表匹配所有大于或等于 1 的整数值。

2. 选择结构的数据通道

与循环结构类似的是，选择结构也有输入和输出通道。当外部节点向结构框连接时，就创建了输入通道；而当由框内的节点向外界输出数据时就创建了输出通道。选择结构每个分支的代码不必都与所有输入通道连接，但必须连接所有的输出通道，否则程序不能运行，此时通道的小方块是空心的。只有当所有分支代码都与输出通道连接时，或者在小方块上弹出快捷菜单并选择 Use Default If Unwired 时，此时程序在这些分支的通道节点处会输出相应数据类型的默认值，这样小方块才会变成实心的。

2.2.3 顺序结构(Sequence Structure)

在 LabVIEW 中，只要某一个数据节点所需要的输入数据都已经到位，则这个节点即开始执行。顺序结构可用于改变不同节点间的先后执行顺序。LabVIEW 7.1 提供了两种顺序结构，两者的创建和使用方法类似。

1. 堆叠的顺序结构(Stacked Sequence Structure)

堆叠的顺序结构在外形上与选择结构类似，即多个代码框堆叠在一起，每个代码框称为一帧，如图 2-21 所示。通过在边框上弹出快捷菜单并选择 Add Frame After 或 Add Frame Before 可增加帧的数目。LabVIEW 按照帧标签由小到大执行顺序结构，最小的帧序号为 0。

当向代码框中写入数据时，各帧连接或不连接输入数据通道都是可以的，但是当从代码框向外输出数据时，各帧只能有一个代码连接其输出数据通道。也就是说，输出通道仅能有一个数据源，这与 Case 结构是不一样的，输出可以由任一个帧发出，但该数据要一直保留到所有帧全部完成执行时才能脱离结构。

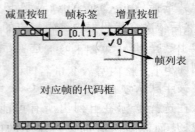

图 2-21 堆叠的顺序结构

帧与帧之间的数据信息传递则通过局部顺序变量(Sequence Local)实现。在边框上弹出快捷菜单并选择 Add Sequence Local 选项可以添加局部顺序变量端口。初始的局部顺序变量端口只是一个黄色的小方块，当与数据连接后，小方块中就会出现一个黄色的向外或向内的箭头表示数据流的流向，向外说明数据是从本帧向其他的帧输送，向内则是从其他的帧流入本帧。在局部顺序变量上弹出快捷菜单，选择 Remove 选项就可以删除该局部顺序变量。

在一个帧中给局部顺序变量赋值时，该帧称为数据源帧。这个数据源可以被后续的所有帧使用，但对于源帧前面的帧则不可使用。

2. 平铺的顺序结构(Flat Sequence Structure)

平铺的顺序结构与堆叠的顺序结构所实现的基本功能相同，只是在表现形式上有所不同。

平铺的顺序结构如图 2-22 所示,其外形更像电影胶片,其各个帧不是堆叠在一起而是平铺开,每一帧可以通过拖曳改变大小,因此,平铺的顺序结构的缺点就是浪费很多空间,但这样的结构却更有利于代码的阅读、更直观。

采用与堆叠的顺序结构一样的方法可以为平铺的顺序结构增加或减少帧的数目。由

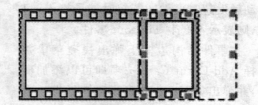

图 2-22 平铺的顺序结构

于平铺的顺序结构在外形上是平铺开的,帧与帧之间的数据流向可以轻易看出,因此不需要借助局部顺序变量在帧与帧之间传递信息。

2.2.4 公式节点(Formula Node)

公式节点是 LabVIEW 提供的一种特殊结构,用于设计复杂的数学运算,如图 2-23 所示。若要采用公式节点结构,只需使用标签工具,将数学公式的文本表达式直接写入节点框内,同时连接相应的输入和输出端口即可。在节点边框上弹出快捷菜单,选择 Add Input 或 Add Output 选项,就可以相应的增加输入或输出端口的数目,每个端口对应不同的变量,使用标签工具在小方格内写入变量名即可。

变量名有大小写区分,必须与公式中的变量相匹配,并且每个公式语句必须用分号结束。

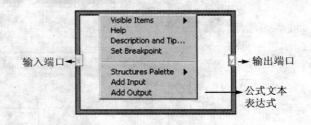

图 2-23 公式节点框

公式节点中代码的语法与 C 语言是相同的,可以使用的数学函数名、运算符、语法规则等可以从 LabVIEW 的 Context Help 窗口中获取。另外,虽然在公式节点结构中不能使用循环结构和选择结构,但可以使用条件运算符和表达式:

<逻辑表达式>?<表达式 1>:<表达式 2>

上式的含义是:逻辑表达式结果为真时输出表达式 1 的结果,否则输出表达式 2 的结果。

2.2.5 事件结构(Event Structure)

事件结构用于实现用户和程序间的一些互动操作,如响应和处理用户在前置板单击某个按钮、更改数值大小、退出程序等操作。事件结构框如图 2-24 所示,它也是由多个子框图堆叠而成,根据用户操作动作的不同,每次只执行一个子框图中的代码。

创建事件结构框时,超时事件(Timeout)是默认生成的。超时端子从属于整个事件结构,以毫秒为单位的整数值指定超时时间,当等待其他类型事件发生的时间超过超时时间时,就会

自动触发超时事件。若超时端子接入—1值,则表示不产生 Timeout 事件。

在事件结构边框上弹出快捷菜单并选择 Add Event Case 选项即可以添加事件,并弹出如图 2-25 所示的对话框。通过事件标签次序的下拉列表也可以选择修改其他事件。若在快捷菜单中选择 Edit Events Handled by This Case 选项则修改当前的事件。

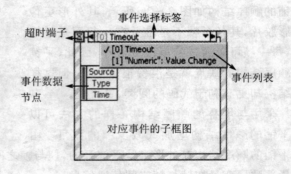

图 2-24 事件结构框

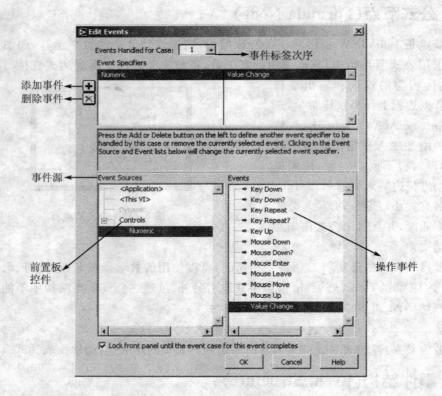

图 2-25 事件编辑对话框

2.2.6 局部变量与全局变量

局部变量和全局变量主要解决数据和对象在同一 VI 程序中的复用和在不同 VI 程序中的共享问题。

1. 局部变量(Local Variable)

局部变量的创建有两种方法。

第1种是直接从 All Functions→Structures 中直接把局部变量拖放到流程框图上，此时为一个黑色的中间带问号的小方框，如图2-26(a)所示。单击该小方框，LabVIEW会自动列出前置板所有控件的名称，选择需要创建局部变量的控件；也可以在局部变量上弹出快捷菜单，选择 Select Item 子菜单中的相应控件名称，则相应的小方块中间的问号变成控件的名称颜色也与控件的数据类型一致，如图2-26(b)所示。

图2-26 局部变量

第2种是直接为前置板对象创建局部变量。在前置板对象上或其流程框图的端子上弹出快捷菜单并选择 Create→Local Variable 即可，此时局部变量会自动出现在框图程序中。

使用局部变量，可以在同一个 VI 程序中的不同位置对同一个指示器进行赋值，或多次从同一个控制器中取出数据。同时，局部变量具有读、写两种属性，默认为写属性，并且这两种属性可以相互转换。在局部变量上弹出快捷菜单并选择 Change To Read 可以将写属性转换为读属性或选择 Change To Write 执行相反的操作。这样，从指示器中读取数据以及为控制器赋值成为可能。

2. 全局变量(Global Variable)

全局变量与局部变量不同，它主要用于不同 VI 之间的数据传递，而且必须将全局变量声明在一个特殊的 VI 文件中，这个文件中可以放置所有的全局变量。全局变量的创建也有两种方法。

第1种也是直接从 All Functions→Structures 中直接把全局变量拖放到流程框图中，如图2-27(a)所示为中间带问号的节点。双击全局变量节点，弹出 VI 的前置板，此即为放置所有全局变量的特殊 VI，该 VI 只有前置板而无流程框图。将所有需要使用的控件放置在该 VI 的前置板上，然后保存全局变量 VI。接下来采用与局部变量同样的方法可以为全局变量指定需要的控件，如图2-27(b)所示。

图2-27 全局变量

第2种方法是通 New 选项或在已打开 VI 界面下选择 File→New 选项，出现如图1-17所示的 New 对话框。在 Create new 栏目下选择 Other Document Types→Global Variable，即可创建一个只有前置板的特殊 VI，只需在前置板中放置所需要使用的控件即可。保存并关闭 VI 后，在全局变量上弹出快捷菜单并选择 Open Front Panel，就可以打开这个特殊的 VI 并对其中的全局变量控件进行修改。全局变量中可包含多个对象和不同的数据类型，可在程序执行时分别访问。

全局变量与局部变量一样，也具有读和写两种属性，读属性与写属性之间的转换也与局部变量一致，在此不再赘述。

全局变量的使用与调用一个子 VI 类似，即从 All Functions→Select a VI 子模板中打开所需要的全局变量 VI，将其放置在流程框图上即可。

2.3 图形控件

LabVIEW 最大的特色就是其图形化功能，用图形的方式显示测试数据或分析结果。基本的图形控件主要位于 All Controls→Graph 子模板中，如图 2-28 所示。

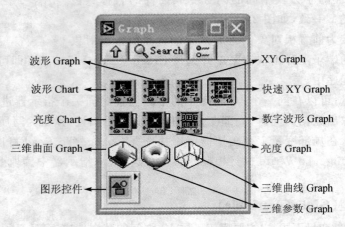

图 2-28 图形控件子模板

从图 2-28 中可以发现，图形控件基本有两类：一种是 Chart；一种是 Graph。两种都可以译为"图"，但其实现的功能有很大区别。Chart 相当于记录图，它将数据在坐标系中实时、逐点(或一次多个点)显示出来，可以反映被测量数据的实时变化趋势，也就是说，Chart 相当于传统的示波器，也称为实时趋势图。Graph 则是对已经采集的数据进行事后处理，因此它必须先得到所有需要显示的数据，然后再根据实际要求将这些数据组织成所需的图形一次显示出来，因此 Graph 反映的是一种结果。

图 2-28 中第 1 行主要为二维图形控件，包括波形 Chart，波形 Graph，XY Graph 及快速 XY Graph；第 2 行和第 3 行为三维图形控件，包括亮度 Chart，亮度 Graph，三维曲面 Graph，三维参数 Graph 和三维曲线 Graph 等。此外，数字波形 Graph 也属于二维图形控件，而其他图形显示控件则位于第 4 行的图形控件子模板上。下面主要介绍几种常用的图形控件。

2.3.1 波形 Chart

1. 组成部分

在波形 Chart 上弹出快捷菜单，单击 Visible Items 子菜单中对应的选项可以选择显示或

隐藏波形 Chart 的所有组成部分,如图 2-29 所示。各部分包括:

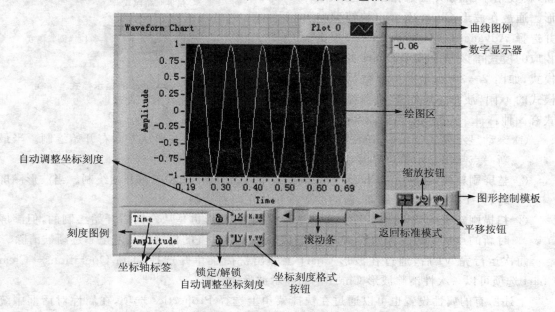

图 2-29 波形 Chart 的组成部分

① 图例(Plot Legend)　表示当前显示图形名称和显示参数,通过拖曳其上下边框可以增加显示图形的个数。在其上弹出快捷菜单,则可以对图形线条的颜色、样式、线型、线宽、填充模式等进行设置。
② 刻度图例(Scale Legend)　用于分别对 X 轴和 Y 轴的名称以及刻度显示模式进行调整。单击中间的自动调整按钮,LabVIEW 会自动对当前图形进行调整以适应整个 Chart 窗口。单击最右边的坐标刻度格式按钮弹出格式设置菜单,可以对刻度的显示格式、精度(有效位数)、制式、颜色以及 AutoScale X 或 AutoScale Y 的有效性等进行设置。
③ 图形控制模板(Graph Palette)　用于对图形进行局部缩放,缩放的方式由中间的缩放按钮选择。
④ 数字显示器(Digital Display)　显示波形 Chart 最新接收的一个数据值。
⑤ 滚动条(X Scrollbar)　波形 Chart 有一个数据缓冲区,滚动条用于查看缓冲区前后任何位置的一段数据波形。通过在波形 Chart 上弹出快捷菜单并选择 Chart History Length 可以调整缓冲区的大小,在默认情况下,其大小为 1 kB,即最大的数据显示长度为 1024。缓冲区的存储按照先进先出(FIFO)的规则管理。

波形 Chart 是一种反映数据变化趋势的实时趋势图,每次接收一个或多个点并实时显示。如前所述,波形 Chart 有一个缓冲区用于存放旧数据,但随着新数据的输入,趋势图被周期刷新，新数据不断淘汰旧数据滚动显示波形。通过在波形 Chart 上弹出快捷菜单并选择 Advanced→Update Mode，单击相应的模式可以修改波形 Chart 的显示模式，如图 2-30 所示。按照数据刷新模式的不同，波形 Chart 的动态显示模式有 3 种：

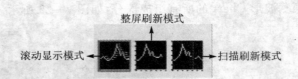

图 2-30 波形 Chart 的显示模式

① 滚动显示模式(Strip Chart)　默认模式。在该模式下，波形从左向右开始绘制。当最新一点超出显示右边界时，整个波形顺序左移。

② 整屏刷新模式(Scope Chart)　在该模式下，波形同样从左向右开始绘制。当波形满屏时，整个波形被清屏刷新，新的波形重新从左向右绘制。

③ 扫描刷新模式(Sweep Chart)　在这种模式下，波形也是从左向右开始绘制的，但满屏时新的点从左边界开始绘制，原有的波形由一条垂直的扫描线从左至右逐渐被清除。

每次运行完 VI 后，通过在波形 Chart 上弹出快捷菜单并选择 Data Operations→Clear Chart 选项可以一次性清除波形 Chart 上的显示波形。

上述所有的属性设置也可以通过在快捷菜单上选择 Properties 选项，在属性对话框中统一进行配置。

2. 曲线绘制

如前所述，波形 Chart 以一次接收一个或多个点的方式实时显示图形，这就意味着波形 Chart 相应的接收数据的格式有两种。当一次接收多个点时，这多个点必须以数组的格式接收并一次同时显示。根据曲线数目的不同，有不同的绘制方法：

① 单曲线显示　绘制单曲线时，波形 Chart 可以接收的数据格式有两种：标量数据和数组。输入为标量数据时，曲线每次更新一个点；输入为数组时，曲线每次更新的点数等于数组的长度。

② 多曲线显示　绘制多曲线时，波形 Chart 可以接收的数据格式也有相应的两种：第 1 种是每条曲线的一个新点打包成一个簇，该簇输入到波形 Chart 中，波形 Chart 每次为所有曲线同时更新一个点；第 2 种是每条曲线取一个新点打包成一个簇，一定数目的簇作为元素构建成一个数组输入到波形 Chart 中，此时波形 Chart 为所有曲线同时更新多个点，其数目等于数组里元素(即簇)的个数。

绘制多条曲线时，可以在波形 Chart 上弹出快捷菜单，选择 Stack Plots(或 Overlay Plots)选项把多条曲线绘制在不同的坐标系窗口中(或在同一个坐标系窗口中显示多条曲线)。

2.3.2 波形 Graph

1. 组成部分

波形 Graph 的组成部分基本上跟波形 Chart 是一致的，只是少了数字显示器，但同时却增加了游标图例(Cursor Legend)一项，可以在图形中添加光标，实现光标精确的定位测量。

图 2-31 所示为游标图例的各部分组成，其中移动控制按钮用于决定游标是否接收游标移动器的移动控制；游标外观按钮控制其视觉效果，如颜色、外观、线宽等，还可以在菜单中选择 Bring to Center 或 Go to Cursor 将游标定位在绘图区中心或将绘图区中心定位到游标所在位置；移动方式按钮确定是否锁定游标的移动路径，如弹出菜单中的选项 Snap to point 代表把游标点置于 Graph 所显示的所有曲线上沿鼠标指针点所做的垂直方向距鼠标指针最近的一点上，而 Lock to plot 则把游标点锁定在曲线上，锁定操作的目标曲线在菜单最下面选择。

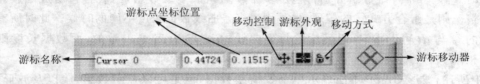

图 2-31 游标图例

通过拖曳游标图例的上下边框可以增加或减少游标的数目，在某个游标图例上弹出快捷菜单并选择 Data Operations→Delete Element 可以删除该游标；相应地选择 Insert Element Before 可以在之前增加一个游标。

2. 曲线绘制

如前所述，波形 Graph 以事先收集好所有的数据并一次性显示图形的方式绘图，因此波形 Graph 不能像波形 Chart 那样显示单个点，而至少必须以"准数组"的模式一次性显示多个点。波形 Graph 基本显示模式是等时间间隔地显示数据点，而且在每一时刻只有一个数据点与之对应，类似于数学中单值函数的对应关系。

1) 单曲线显示

绘制一条曲线时，波形 Graph 可以接收两种数据格式：一维数组和簇。对于一维数组，默认为从零时刻开始，而数据点之间的时间间隔为 1 s；对于簇，则必须包含起始时刻 t_0，波形采样时间间隔 dt 以及波形数据 Y。

事实上，回顾前面章节介绍过的波形数据类型是由起始时刻 t_0，波形采样时间间隔 dt 和波形数据 Y 组成的特殊的簇。如果从波形数据类型的角度来看，绘制单条曲线波形 Graph 能接收的数据类型实际上就是波形数据，只是在默认情况下 $t_0=0, dt=1$ s 不需指定而已。

2) 多曲线显示

绘制多条曲线，波形 Graph 可以接收元素为波形数据类型的数组。根据不同的要求，有如下 5 种数据类型的组合方式：

① 多维数组。对应与单曲线的默认情况，可以直接把几条曲线的波形数据 Y 利用 Build Array 函数创建成多维数组，直接送到波形 Graph 输入。由于多维数组要求每一行长度相同，因此要求每条曲线的数据长度相同，此时所有曲线均默认为 $t_0=0, dt=1$ s。

② t_0, dt 与多维数组打包成的簇。这种情况是上一种的扩展。在这种情况下，t_0 与 dt 可以指定，但显示的每条曲线的 t_0 与 dt 都是一致的，并且每条曲线的数据长度也相同。

③ 波形数据类型所组成的多维数组（即以簇为元素的多维数组）。在这种情况下，可由 t_0, dt 及波形数据 Y 打包形成波形数据类型，因此，每一条曲线的 t_0, dt 和 Y 都可以分别指定，并且可以是互不相同的。这是最普遍的方法。

④ 把数组打包成簇，再以簇作为元素组成数组。这种情况也是组合方式①的扩展，用于在多条曲线数据长度不同的时候。此时所有曲线也默认为 $t_0=0, dt=1$ s。

⑤ t_0, dt 把多个一维数组分别打包成多个簇再组成多维数组，三者打包所成的簇。这种情况则是组合方式②的扩展，也是用于多条曲线数据长度不同的时候。此时所有曲线的 t_0 与 dt 可以指定，但显示的每条曲线的 t_0 与 dt 都是一致的，而数据长度则各不相同。

综上所述，波形 Graph 不能显示单个数值型数据，但是可以显示数组、簇以及波形数据。另外，在 All Functions→Waveform 子模板中，Build Waveform 函数可以用于建立波形 Graph。

2.3.3 XY Graph

波形 Chart 和波形 Graph 的横坐标都是均匀分布的，而 XY Graph 则可以用于描绘非均匀采样得到的数据，或者绘制两个相关变量之间的关系曲线。因此，XY Graph 常用于绘制李沙育图形之类的多值函数。

XY Graph 的组成部分与波形 Graph 完全一致，因此不重复介绍，下面主要介绍它的曲线绘制。

1) 单曲线显示

绘制单曲线，XY Graph 可以接受两种数据类型：

➢ X 轴和 Y 轴两个数组数据打包成的簇；
➢ 单个点的 x 坐标和 y 坐标打包成簇，再将多个簇组成数组。

2) 多曲线显示

在绘制单曲线的基础上绘制多曲线，XY Graph 同样也可以接受两种数据类型：

➢ X 数组和 Y 数组打包成簇并组成单条曲线，然后多个簇作为元素组成数组；
➢ x 坐标和 y 坐标打包成簇组成一个点，以点为元素组成一个数组，再将数组打包成为一个簇，此时每个簇即为一条单曲线，最后将所有的单曲线簇组成数组。

第 2 篇
NI ELVIS 虚拟仪器教学实验套件

　　虚拟仪器就是用户根据自己的需求在通用计算机上定义和设计仪器的测量功能。其实质是将可完成传统仪器功能的硬件和计算机软件技术充分结合起来，帮助用户实现并扩展传统仪器的功能，如数据采集、分析处理、显示与自动化等。LabVIEW 是美国国家仪器公司推出的一种工程技术人员容易使用的基于图形化编程方式的虚拟仪器软件开发环境。

　　虚拟仪器技术的出现在测控领域掀起了一场革命，同时也给传统的教学与科学研究带来了翻天覆地的变化，现已广泛应用于电子电气、计算机、机械等工程领域的测试、测量中。基于计算机测试、测量和自动化实验的平台大大提高了研究人员的工作效率，并改进了学生的学习方法。与以往费时费力的数据采集过程不同，学生们可以将大部分时间花在实验室工作的执行上，而非实验项目设备的搭建上。

　　NI ELVIS 虚拟仪器教学实验套件是美国国家仪器公司于 2004 年推出的一套基于 LabVIEW 设计和模型创建的实验装置。NI ELVIS 系统实际就是将 LabVIEW 和 NI 的 DAQ 设备相结合得到一个基于 LabVIEW 的一种实验教学产品，包括硬件和软件两部分。硬件包括一台可运行 LabVIEW 的计算机、一块多功能数据采集卡、一根 68 针电缆和控制台；软件则包括 LabVIEW 开发环境、NI-DAQ、可以针对 ELVIS 硬件进行程序设计的一系列 LabVIEW API 和一个基于 LabVIEW 设计虚拟仪器软件包。该实验套件可插入一块原型实验面板，非常适合教学实验和电子电路的设计与测试，完成测量仪器、电子电路、信号处理、控制系统辅助分析与设计、通信、机械电子等课程的学习和实验。NI ELVIS 集成多个实验室常用仪器的功能，实现了教学仪器、数据采集和实验设计一体化。用户可以在 LabVIEW 下编写应用程序以满足设计实验的试验目的，它不仅可以在理工科实验室内作为常规仪器使用，还可以辅助进行电路设计，信号处理等。用户只需要一台 NI ELVIS 实验装置就可完成信号分析。在实验数据的记录、分析处理和显示等方面，虚拟仪器有着传统仪器无法比拟的优势。

第 3 章 DAQ 系统概述

NI ELVIS 是将 DAQ(数据采集)硬件和 LabVIEW 软件组合成的一个虚拟仪器教学实验装置。本章介绍了 NI ELVIS 的结构和仪器进行编程时所需要的信息,也讲述了 NI 数据采集系统(DAQ)部件和虚拟仪器的概念,以及如何对 NI ELVIS 的软件和硬件进行配置。

3.1 什么是 DAQ

DAQ(Data Acquisition,数据采集)系统能捕获、测量和分析现实世界中的物理信号。DAQ 数据采集系统采集和测量传感器传送的电信号,并把它们输送给计算机进行处理。NI ELVIS 工作台就是使用 DAQ 系统采集和测量各种不同种类的信号,如光、温度、压力和转矩等。

DAQ 系统由以下 5 项组成:
- **传感变送器** 一种把光、温度、压力或声音等物理信号转换成一种像电压或电流之类可测量电信号的设备。
- **信号** DAQ 系统中传感变送器的输出。
- **信号调理** 一种可以连到 DAQ 设备上使得信号适合于测量或提高精度或降低噪声的硬件设备。通常的信号调理器包含放大、激励、线性化、隔离和滤波等功能。
- **DAQ 硬件** 用于信号采集、测量和数据分析的硬件。
- **软件** NI 应用软件帮助用户更容易地进行程序设计,使测量和控制应用的编程变得更简单。

一种典型的 DAQ 板卡示意图如图 3-1 所示,DAQ 系统如图 3-2 所示。

图 3-1 数据采集板卡

图 3-2 典型的 DAQ 系统

3.1.1 DAQ 硬件

因为 DAQ 设备处理的是电信号,所以必须用传送器或传感器把物理信号先转换成电信号。DAQ 系统也可以同时产生电信号,这些信号可以用于对机械系统进行智能控制或用于提供激励以便 DAQ 系统可以测量其响应。大多数 DAQ 设备由标准的模拟输入(AI)、模拟输出(AO)、数字 I/O 和计数器/定时器 4 个部分组成。如果用户使用的是 NI ELVIS 2.0 或更高版本,那么也可以同时使用 NI ELVIS 和 M 系列的 DAQ 设备。

第 3 章硬件概述的 DAQ 硬件部分更详细地描述了用作 NI ELVIS 部分的 DAQ 设备,有关此设备功能和操作的具体信息资料可参阅 www.ni.com/manuals 上的 DAQ 设备资料。

3.1.2 虚拟仪器

虚拟仪器(Virtual Instrumentation),即完成传统仪器功能的硬件和计算机软件的结合,用于建立用户定义的仪器系统。虚拟仪器为教学课程和科学研究提供了理想的学习与开发的平台。在教学实验室课程中,学生们可完成测量、自动化控制等各种实验;在研究领域,虚拟仪器的灵活性使研究者可以对系统做出修改以满足预期的需要;另外,测量系统往往需要升级以满足将来的扩展需要,虚拟仪器的模块化属性使用户很容易增加新的功能。

3.2 NI ELVIS 概述

NI ELVIS 教学实验套件包括了基于 LabVIEW 的软件仪器、一台多功能 DAQ 设备、一台用户可自行设计的平台工作站及原型实验板,如图3-3所示。

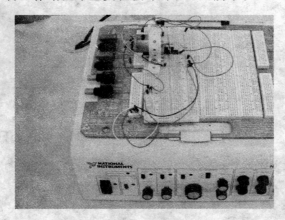

图3-3 NI ELVIS 虚拟仪器教学实验箱

用 NI ELVIS 平台工作站和 DAQ 设备的 LabVIEW 软件为实现虚拟仪器所要求的复杂显示和分析能力提供了一个高级编程环境。NI ELVIS 硬件提供了函数发生器和可调电源。结合 DAQ 设备功能的 NI ELVIS LabVIEW 软前置板(SFP)提供了下列功能的 SFP 仪器:

- 任意波形发生器 Arbitrary Waveform Generator (ARB);
- 波特图分析仪 Bode Analyzer;
- 数字信号监视仪 Digital Bus Reader;
- 数字信号记录仪 Digital Bus Writer;
- 数字万用表 Digital Multimeter(DMM);
- 动态信号分析仪 Dynamic Signal Analyzer(DSA);
- 函数发生器 Function Generator(FGEN);
- 阻抗分析仪 Impedance Analyzer;
- 示波器 Scope;
- 两线电流电压分析仪 Two-Wire Current Voltage Analyzer;
- 三线电流电压分析仪 Three-Wire Current Voltage Analyzer;
- 可调电源 Variable Power Supplies。

总之,NI ELVIS 虚拟仪器教学实验箱组合并扩展了如图3-4所示的理工科实验室通用的实验仪器。

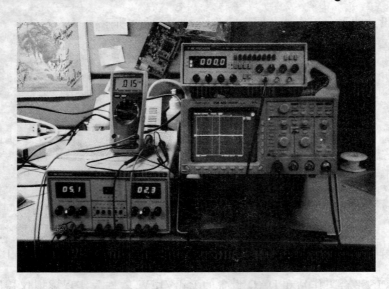

图 3-4　实验室常规通用实验仪器

3.3　相关文献

下列文献有一些更为详细的信息,对用户阅读和使用本书时会有所帮助:

DAQ 设备文献　可以在 www.ni.com/manuals 处找到;

LabVIEW 入门(Getting Started with LabVIEW)　可以在 www.ni.com/manuals 处找到;

LabVIEW 帮助　可以在 LabVIEW 框图或前置板上选择 Help VI 找到;

LabVIEW 测量手册　可以在 www.ni.com/manuals 处找到;

DAQmx 测量与自动化器开发帮助(Measurement & Automation Explorer Help)　可以在测量与自动化开发(MAX)窗口中的 Help→ Help Topics→NI-DAQmx 处找到;

NI ELVIS 入门(Where to Start with NI ELVIS)　可以在 NI ELVIS 软件 CD 的 PDF 文档中或 www.ni.com/manuals 上找到;

NI ELVIS 帮助文档(NI ELVIS Help)　可以在 NI ELVIS 软件 CD 上或 www.ni.com/manuals 处找到。

第 4 章

NI ELVIS 概述

NI ELVIS 是一个将硬件和软件组合成一体的完整的虚拟仪器教学实验套件。本章给出 NI ELVIS 的硬件和软件简介,此外还讨论了在各类院校环境下如何使用的问题。第 5 章更为详细地描述了有关 NI ELVIS 硬件部分。关于软件部分的更多信息请参阅 NI ELVIS 帮助(NI ELVIS Help)。NI ELVIS 系统如图 4-1 所示。

图 4-1　NI ELVIS 虚拟仪器教学实验系统

4.1　NI ELVIS 硬件

本节简要说明了 NI ELVIS 硬件部分。更多有关这些部件的详细信息请参见第 5 章。

4.1.1　NI ELVIS 平台工作站

平台工作站和 DAQ 设备一起建立了一个完整的实验系统，ELVIS 平台工作站如图 4-2 所示。工作站提供了连接相关实验硬件仪器的功能，工作站控制面板提供了函数发生器和可调电源等一些容易操作的旋钮，也提供 BNC 和香蕉型连接器可连到 NI ELVIS 示波器 SFP 和 NI ELVIS DMM(数字万用表)SFP 上。NI ELVIS 软件可以在 SFP 仪器间传送 NI ELVIS 平台工作站上的信号。例如，可以将函数发生器的输出送到一个 DAQ 设备的指定通道上，然后在 NI ELVIS 示波器 SFP 的一个期望通道上采集数据。平台工作站带有 DAQ 设备的保护板以免实验错误对设备造成的损害。

更多关于平台工作站的信息，包括各部件位置图，请参阅第 5 章的 NI ELVIS 平台工作站部分。

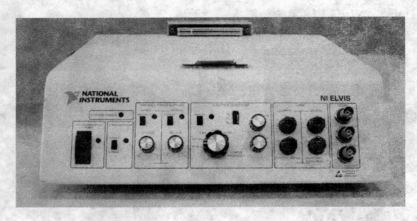

图 4-2　NI ELVIS 虚拟仪器平台工作站

4.1.2　NI ELVIS 原型实验板

NI ELVIS 原型实验板又称原型设计面板，连接在平台工作站上，为用户提供了一个组建电路的平台。利用 NI ELVIS 平台工作站可以交替使用多块原型实验板。图 4-3 为 ELVIS 的原型实验板。

更多关于原型设计板的情况，包括信号描述、连接指令和部件位置图，请参阅第 5 章的 NI ELVIS 原型实验板部分。

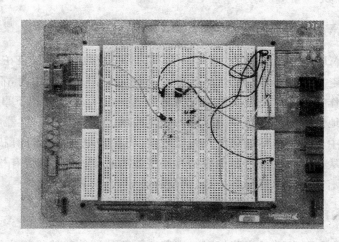

图 4-3 NI ELVIS 原型实验板

4.2 NI ELVIS 的安装与配置

本节主要说明如何安装和配置 NI ELIVS 硬件和软件。

4.2.1 运行 NI ELVIS 所需要的配置

安装和使用 NI ELVIS 需要以下设备条件。
- NI ELVIS 平台工作站;
- NI ELVIS 原型实验板;
- NI ELVIS 软件 CD;
- 68 针 E 系列电缆;
- NI ELVIS AC/DC 电源;
- 68 针 E/M 系列数据采集卡(DAQ)设备;
- LabVIEW 7.0 或更高版本;
- NI-DAQ 7.3 或更高版本;
- 下列文档:
  - NI ELVIS 用户手册;
  - NI ELIVS 的安装与配置说明;
  - DAQ 设备文档;
- 计算机。

4.2.2　NI ELVIS 拆封

新买的 NI ELVIS 平台工作站和 NI ELVIS 原型实验板出厂时封装在抗静电包装袋内，以防静电损坏。静电可能会损坏 NI ELVIS 中的某些元件。首次使用时，不要用手接触连接器裸露的引脚。操作工作站和原型实验板时为避免此类损坏，要注意以下事项：

➢ 通过一个接地的带子或手持一个接地的物体接地。
➢ 在从包装袋中取出工作站或原型实验板之前，将抗静电包装与计算机机箱的金属部分接触一下。从包装中取出平台工作站和原型实验板，并检查是否有松动的元件或任何损坏痕迹。不管硬件出现哪类损坏，请及时通知 NI 公司。

4.2.3　安装 NI ELVIS

这里主要介绍 NI ELVIS 的安装指引。安装所需要的硬件和软件部分是针对那些计算机中未装 LabVIEW 7.0 或更高版本，或尚未安装 DAQ 设备的用户的。如果用户的计算机中已经安装了 LabVIEW 7.0 或更高版本，并且 DAQ 设备已经安装配置，请直接跳过安装 NI ELVIS 硬件与软件部分。

1. 安装需要的硬件和软件

当完成硬件设备安装过程时，NI ELVIS 的零件分布图如图 4-4 和图 4-5 所示。图 4-4 为安装 NI ELVIS 系统所需的硬件及安装步骤；图 4-5 显示了平台工作站的后视图。

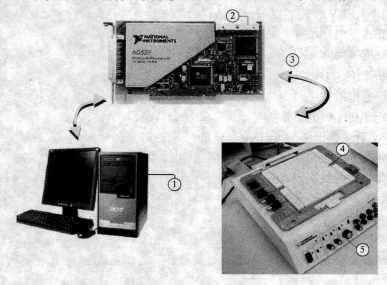

图 4-4　NI ELVIS 系统零件分布图

图 4-4 中编号说明：
① 运行 LabVIEW 7.0 或更高版本的计算机；
② DAQ 设备；
③ 68 针 E 系列电缆；
④ NI ELVIS 原型实验板；
⑤ NI ELVIS 平台工作站。

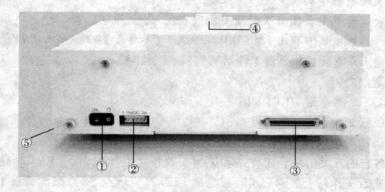

图 4-5　NI ELIVS 平台工作站的后视图

图 4-5 中编号说明：
① 平台工作站开关；
② AC/DC 电压连接器（端子）；
③ 68 针 DAQ 设备连接器（端子）；
④ 原型实验板安装托架；
⑤ Kensington 安全孔。

具体安装步骤如下：
① 根据 CD 和 LabVIEW 发布的注释指引安装 LabVIEW。
② 用 DAQ 设备配套的 CD 安装 7.3 或更高版本的 NI-DAQmx，要注意在安装 DAQ 设备之前安装 NI-DAQ，以确保恰当地检测出设备。
③ 当指示重启电脑时，关掉电脑电源。
④ 按照设备用户手册或安装向导中的提示，安装 DAQ 设备。
⑤ 打开电脑电源。
⑥ 用测量和自动化开发器（Measurement and Automation Explorer，MAX）检验和配置该 DAQ 设备，请参考 DAQ 快速启动向导（DAQ Quick Start Guide），可以在 www.ni.com/manuals 或测量与自动化开发器的 NI-DAQmx 帮助文档，通过选择将其打开。对特定系统的安装和故障查找，则参照 www.ni.com/support/daq。至此已做好

安装 NI ELVIS 硬件和软件的准备了。

2. 安装 NI ELVIS 硬件和软件

当完成安装过程后,NI ELVIS 的零部件分布图如图 4-4 和图 4-5 所示。

① 将 NI ELVIS 软件 CD 插入光驱中。
② 单击安装窗口出现的 Install 选项。
③ 安装后关掉电脑电源。
④ 确保平台工作站的备用开关处于 OFF 位置。

注意:当已给硬件供电时,不要进行以下连接,即使是平台工作站的备用开关已经置于 OFF 的位置。

⑤ 电脑中的 DAQ 设备和平台工作站间连接 68 针电缆。
⑥ 安装原型实验板。
⑦ 将 AC/DC 电源连到 NI ELVIS 平台工作站上。
⑧ 把电源线接到 AC/DC 电源上。
⑨ 把电源线插入电源插座中。
⑩ 分别用各自的开关给平台工作站和原型实验板通电实现向 NI ELVIS 硬件供电。系统 LED 和平台工作站上的原型实验板电源 LED 都应该点亮,原型实验板上的 DC 电源应该也已点亮。如果 LED 不亮,需检查并确保电力线是否连接好,电源工作是否正常。

3. 配置 NI ELVIS 软件

用户在使用 NI ELVIS 之前,必须通过选择连到 NI ELVIS 平台工作站的 DAQ 设备来配置 NI ELVIS 软件。配置 NI ELVIS 软件,需完成如下步骤:

① 确保 DAQ 设备安装恰当,平台工作站电源打开,DAQ - MAX 中已经配置好 DAQ 设备号。如果尚未配置该 DAQ 设备,为了解更多信息请参考 4.2.3 小节中安装所需要的硬件和软件(Installing Required Hardware and Software)部分。
② 选择 Start→Programs→National Instruments→NI ELVIS 2.0→NI ELVIS,打开 NI ELVIS 仪器启动器。
③ Configure(单击配置)按钮打开硬件配置对话框。注意:如果有错误产生,那么仅有 Configure 按钮可用。
④ 从 DAQ 设备控制中选择连到 NI ELVIS 硬件上的 DAQ 设备,如果在计算机内只检测到一台 DAQ 设备,那么就默认选择该设备。
⑤ 单击窗口通信部分中的 Check(检查)按钮来检验与 NI ELVIS 平台工作站的通信。
⑥ 如果配置操作成功,状态窗口中会出现一条信息,指示 NI ELVIS 平台工作站是否已正常找到与配置;如果尝试失败,会出现一条错误消息,状态窗口中的这条消息会指示"配置尝试已失败"。
⑦ 如果计算机通过选定的 DAQ 设备初始化 NI ELVIS 硬件,那么 NI ELVIS 配置好后,

用户就可以开始使用 NI ELVIS 了；如果配置尝试失败，按错误对话框中给出的建议操作或返回 DAQ 设备的控制并选择另外一台设备。

值得注意的是，即使用户已经完成 DAQ 设备的配置，也可以单击该对话框中可用的 Reset(复位)按钮。当用户想用软件复位 NI ELVIS 平台工作站时，可单击此按钮。有关 NI ELVIS 的更多信息和该产品的指导，见 NI ELVIS 用户手册(NI ELVIS User Manual)和 NI ELVIS 在线帮助(NI ELVIS Online Help)。

4.3　NI ELVIS 软件

NI ELVIS 软件是用 LabVIEW 编制的应用软件，包括 SFP 仪器和用于对 NI ELVIS 硬件编程的 LabVIEW API。

4.3.1　SFP 仪器

NI ELVIS 自带用 LabVIEW 编制的 SFP 仪器及其源代码，用户不能直接修改可执行文件，但可以通过修改代码来修改或增强这些仪器的功能，这些仪器是在典型实验室应用中必须要用到的虚拟仪器(VIs)。

1) 仪器启动器(Instrument Launcher)

NI ELVIS 仪器启动器提供了对 NI ELVIS 软件仪器的访问，要启动一个仪器，单击相对应仪器的按钮即可。如果 NI ELVIS 软件配置恰当，并且平台工作站连接到了适当的仪器，那么所有的按钮都可以使用。

如果用户的配置有问题，例如当 NI ELVIS 平台工作站电源关闭或没有连到配置的 DAQ 设备上，那么所有的按钮都是无效的，唯一可作的选择是单击 Configure 配置按钮。要了解更多的 NI ELVIS 配置信息，可参阅 NI ELVIS 入门(Where to Start with NI ELVIS)。某些仪器使用相同的 NI ELVIS 硬件和 DAQ 设备的资源执行类似的功能，因而不能同时运行。如果用户启动了两个具有重叠功能但不能同时运行的仪器，那么 NI ELVIS 软件就会产生一个描述这项冲突的错误对话框。有错误的仪器是不能运行的，直到冲突得到解决才会起作用。

2) 任意波形发生器(ARB)

这个高级 SFP 仪器使用 NI ELVIS 的模拟输出(AO)功能。使用波形编辑软件可以建立多种类型的信号，这些信号包含在 NI ELVIS 软件中。可以加载 NI 波形编辑器所创建的波形到 ARB SFP 中。波形编辑器的更多信息参见 NI ELVIS Help。

一个典型的 DAQ 设备有两个 AO 通道，所以可以同时产生两个波形，可以选择连续或单步输出。相关说明资料参见 DAQ 文献。

3) 波特图分析仪(Bode Analyzer)

将函数发生器与 DAQ 设备的模拟输入(AI)功能结合起来，就可以用 NI ELVIS 构建一台波特图分析仪，由此可以设置仪器的频率范围，选择线性或对数刻度。

4）数字信号监视仪（Digital Bus Reader）

该仪器可从 NI ELVIS 数字输入（DI）总线上读入数字或开关信号，可以连续或单次读入数据。

5）数字信号记录仪（Digital Bus Writer）

该仪器可由用户指定的数字模式（digital patterns）更新数字输出（DO），可以手动建立一个模式或选择预定义模式，如斜坡（ramp）、触发（trigger）等。该仪器可以连续输出一种模式或只执行单个写入操作。

6）数字万用表（DMM）

该常规通用仪器可以执行下列类型信号参数的测量：
- ➢ 直流（DC）电压；
- ➢ 交流（AC）电压；
- ➢ 电流；
- ➢ 电阻；
- ➢ 电容；
- ➢ 电感；
- ➢ 二极管测试。

用户可以将 NI ELVIS 原型实验板或平台工作站的操作前置板上的香蕉型连接端子连到 DMM 上。

7）动态信号分析仪（DSA）

该仪器专用于高级电气工程和物理类的应用。使用 DAQ 设备的模拟输入进行测量，可以连续测量或单次扫描，也可以对信号进行各种加窗和滤波操作，以及频谱分析。

8）函数发生器（FGEN）

该仪器可以让用户选择输出的波形类型（例如，正弦波、方波或三角波）、幅值、频率。此外，该仪器还提供 DC 偏移量设置、扫频能力以及幅值和频率的调制。

9）阻抗分析仪（Impedance Analyzer）

该仪器是一个基本的阻抗分析仪，可以以一个给定的频率测量无源二端元件的电阻和电抗。

10）示波器（Scope）

该仪器可以提供典型大学实验室中标准台式示波器的功能。NI ELVIS-Scope SFP 有两个通道，可以提供刻度和位置调节旋钮，也可以选择触发源和模式设置。自动刻度功能可以基于 AC 信号的峰峰值调节电压显示比例，以便最好地显示信号。根据连到 NI ELVIS 硬件上的 DAQ 设备的不同，可以选择数字或模拟硬件触发，可以将 BNC 连接端子或平台工作站的前置板连到 NI ELVIS-Scope SFP 上。

FGEN 或 DMM 的信号也可以从内部送到该仪器上。此外,这个基于计算机的示波器显示能够使用光标进行精确测量。示波器的采样率由 DAQ 设备的最大采样速度决定。

关于设备支持的触发类型和设备最大采样速率的说明见 DAQ 设备资料。

11) 两线和三线电流-电压分析仪(Two-Wire and Three-Wire Current – Voltage Analyzers)

这些仪器允许用户对二极管和三极管进行参数测试并可以观察电流-电压曲线。两线分析仪提供了参数设定上的充分灵活性,例如电压和电流的范围,把数据保存到文件中……另外,三线电流-电压分析仪给出了 NPN 晶体管测量的基本电流设置。

值得一提的是,其他类型的晶体管也可以测量,但这些 SFP 仪器目前不支持这些测量。

12) 可调电源(Variable Power Supplies)

该仪器允许用户利用控制电源输出的正负电压值:电源电压负值范围为 $-12\sim 0$ V;正值范围为 $0\sim +12$ V。更多有关可调电源的信息,请参考 NI ELVIS Help。

4.3.2 NI ELVIS LabVIEW API

NI ELVIS 软件也有针对 NI ELVIS 硬件的 4 种功能:DIO,DMM,函数发生器和可调电源的 APIs。使用 APIs 编程的更多信息,参见第 6 章对 NI ELVIS 编程的介绍。每一个 API 的 VI 参数情况请参考 NI ELVIS Help。

第 5 章

硬件概述

本章描述 NI ELVIS 的硬件组成,包括 DAQ 设备、平台工作站和原型实验板。附录 C 的工作原理进一步给出了用于不同 NI ELVIS 测量的电路图的信息。

5.1 DAQ 硬件

NI ELVIS 可与 National Instruments E/M 系列的 DAQ 设备结合使用,这些 DAQ 设备内含性能较好的多功能模拟、数字和定时 I/O 单元,可以和 PCI 总线或 PXI 总线计算机相连。DAQ 设备支持的功能包括 AI,AO,DIO 和定时 I/O(DIO)。

如果用户使用 NI ELVIS 2.0 软件或更高版本,那么,也可以将 M 系列的 DAQ 设备和 NI ELVIS 一起使用。

为了使用 NI ELVIS,连到 NI ELVIS 硬件上的计算机中的 DAQ 设备必须满足以下最低要求:

➢ 16 个 AI 通道,最低采样率 200 kS/s;
➢ 2 个 AO 通道;
➢ 8 个 DIO 线;
➢ 2 个计数器/定时器。

使用适当的电缆时,NI ELVIS 也支持 64 个 AI 通道的 DAQ 设备,电缆信息参见 DAQ 设备文献。NI ELVIS 不支持只有 DIO 的设备或使用 USB 的 NI DAQPad—602E。

5.2 旁路模式下使用 DAQ 硬件

NI ELVIS 通过 DAQ 设备的 8 条 DIO 总线与计算机通信,通信开关控制 I/O(DIO)到 NI ELVIS 的路由。正常操作时,开关处于正常模式,DIO 总线连到 NI ELVIS 硬件上,允许使用软件对其进行控制。当通信开关设置为旁路模式时,开关旁边的 LED 灯点亮。

NI ELVIS 允许旁路模式通信 VI(Enable Communications Bypass VI)在开关置于旁路模式时生效,在用户拨动开关并运行 VI 后,DIO 总线连到原型实验板上的 DI 总线上。通信开关位置如图 5-1 所示。

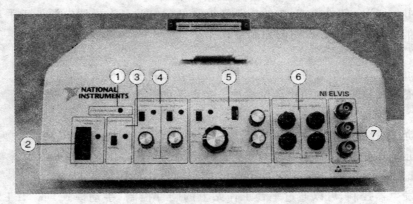

图 5-1 平台工作站的控制面板图

当处于旁路模式时,通过手动控制,硬件函数发生器和可调电源仍然可用,计数器/定时器、AI、AO 和 DAQ 设备也可用;当通信开关处于旁路模式时,NI ELVIS SFP 仪器会通知用户;当通信开关拨到旁路模式时,不可用的 SFP 控制将变灰。

关于 DAQ 设备的详细信息,见 DAQ 设备文档,用户可以在 www.ni.com/manuals 下载该文档。

5.3 NI ELVIS 平台工作站

这部分介绍了 NI ELVIS 平台工作站和工作站的前控制面板,平台工作站各部分位置图见图 5-1。

图 5-1 中编号说明:
① 系统电源灯 LED;
② 原型实验板电源开关;
③ 通信开关;
④ 可调电源控制;
⑤ 函数发生器控制;
⑥ DMM 连接器;
⑦ 示波器(Scope)连接器。

详细说明如下:
➢ 系统电源灯 LED,指示是否已给 NI ELVIS 供电。
➢ 原型实验板电源开关,控制原型实验板的电源通断。
➢ 通信开关,禁用 NI ELVIS 软件控制请求。这种设置下可以直接访问 DAQ 设备的 DIO 线。

➢ 可调电源控制,可以通过平台工作站上的硬件(手动模式)或 NI ELVIS-Variable Power Supplies SFP (软件模式)中的控制来控制可调电源。当可调电源处于手动模式时,用户只能使用以下部分说明的控制方式。

➢ 电源"—"控制
  - 手动开关:控制负极性电源是处于手动还是软件控制模式;
  - 电压调节旋钮:控制负电源的输出。负电源的输出范围是 $-12 \sim 0$ V。

➢ 电源"+"控制
  - 手动开关:控制正极性电源是处于手动还是软件控制模式;
  - 电压调节旋钮:控制正电源的输出。正电源的输出范围是 $0 \sim +12$ V。

关于 NI ELVIS 可调电源 SFP 的更多信息,参见 NI ELVIS 帮助。

➢ 函数发生器控制,可以通过平台工作站上的硬件控制(手动模式)或 NI ELVIS-FGEN SFP 上的控制(软件模式)来控制函数发生器。当函数发生器处于手动模式时,只能使用在以下说明的控制方式:
  - 手动开关:控制函数发生器是处于手动还是软件模式;
  - 函数选择器:选择产生哪一种波形。NI ELVIS 可以生成正弦波、方波或三角波;
  - 幅值旋钮:调节所产生的波形的振幅;
  - 频率粗调旋钮:设定函数发生器所能产生的频率范围;
  - 频率微调旋钮:调节函数发生器的输出频率。

关于函数发生器的更多信息,参见 NI ELVIS Help。

➢ DMM 连接器。注意,如果把不同的信号同时连到原型实验板上的 DMM 端子和控制面板上的 DMM 连接器上,就会造成短路,可能损坏原型实验板上的电路。
  ■ 电流香蕉型插孔
    - HI:测量除了电压,还有电流、电阻时的正输入;
    - LO:测量除了电压,还有电流、电阻时的负输入。
  ■ 电压香蕉型插孔
    - HI:测量电压时的正输入;
    - LO:测量电压时的负输入。

注意:NI ELVIS DMM 以地为参考。

➢ 示波器(Scope)连接器。注意,如果把不同的信号同时连到原型实验板上的示波器端子和控制面板上的示波器连接器上,就会造成短路,有可能损坏原型实验板上的电路。
  - CH A BNC 连接器:示波器的通道 A 的输入端;
  - CH B BNC 连接器:示波器的通道 B 的输入端;
  - 触发器 BNC 连接器:示波器的触发器的输入端。

5.4　NI ELVIS 保护板

NI ELVIS 借助于 NI ELVIS 平台工作站内的一块保护板来保护安装在台式计算机内的 DAQ 设备。这种可拆卸保护板提供短路电流保护，阻止不安全的外来信号。拆下保护板，短时间内就可以用一块替换单元代替一块非功能性板卡。从电子设备供应商处可以找到保护板上的零件，因而维修保护板时不必送到 NI 处修理。

关于 NI ELVIS 保护板上的熔断器的更换参见附录 B 的保护板熔断器配置说明。

5.5　NI ELVIS 原型实验板

本节对 NI ELVIS 原型实验板加以说明。

在把原型实验板插到 NI ELVIS 平台工作站上之前，要确保原型实验板电源已断开。原型实验板通过一个标准的 PCI 连接器连到平台工作站上，组建自定义电路和 NI ELVIS 一起使用。原型实验板通过面包板区域两侧的分布条把所有的 NI ELVIS 的信号终端排列出来使用。每一个信号有一行，各行按功能分组。原型实验板的各部分位置布局如图 5-2 所示。

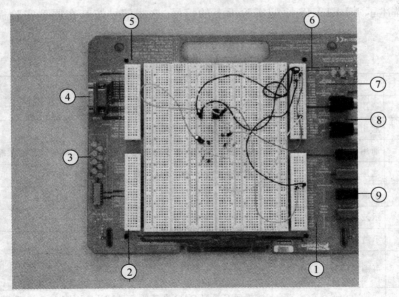

图 5-2　原型实验板零件位置图

图 5-2 中编号说明：
① 模拟输入,示波器,可编程函数输入输出信号排；
② 数字输入输出信号排；
③ LED 灯；
④ D-SUB 连接器；
⑤ 计数器/时钟,用户可编程 I/O,直流电源信号排；
⑥ 数字万用表,函数发生器,用户可编程 I/O,可调电源信号排；
⑦ LED 灯电源；
⑧ BNC 连接器；
⑨ 香蕉插孔连接器。

5.5.1 原型实验板电源

原型实验板提供一个 ±15 V 和一个 +5 V 电源。关于这些电压线路的更多信息见附录 A 的 NI ELVIS 性能说明。

5.5.2 原型实验板信号描述

表 5-1 描述了 NI ELVIS 原型实验板上的信号,这些信号按其在原型实验板上所处的功能区分。

表 5-1 信号描述

信号名	类型	描述
ACH<0~5>+	通用模拟输入	常规正差分模拟输入通道
ACH<0~5>−	通用模拟输入	常规负差分模拟输入通道
AI SENSE	通用模拟输入	常规 AI 模拟输入非参考单端(NRSE)模式模拟通道的基准
AI GND	通用模拟输入	模拟输入地——DAQ 设备的 AI 接地参考
CH <A~B>+	示波器	示波器通道的正输入
CH <A~B>−	示波器	示波器通道的负输入
TRIGGER	示波器	示波器触发器
PFI <1~2> PFI <5~7>	可编程函数 I/O 引脚	可编程函数 I/O 引脚
SCANCLK	可编程函数 I/O 引脚	连接到 E 系列 DAQ 设备的 SCANCLK 引脚上或 M 系列 DAQ 设备的 PFI10 上的可编程函数 I/O 引脚

续表 5-1

信号名	类 型	描 述
RESERVED	可编程函数输入引脚	连到 E 系列 DAQ 设备的 EXTSTROBE * 引脚上或 M 系列 DAQ 设备的 PFI10 上的可编程函数 I/O 引脚 45
3-WIRE	数字万用表	用于三线晶体管测量的 DMM 的电压源
CURRENT HI	数字万用表	DMM 测量除电压之外时的电流正输入
CURRENT LO	数字万用表	DMM 测量除电压之外时的电流负输入
VOLTAGE HI	数字万用表	DMM 测量电压时的正输入
VOLTAGE LO	数字万用表	DMM 测量电压时的负输入
DAC<0~1>	模拟输出	模拟输出，DAQ 的缓存输出
FUNC_OUT	函数发生器	函数发生器输出
SYNC_OUT	函数发生器	同步输出
AM_IN	函数发生器	函数发生器幅度调制
FM_IN	函数发生器	函数发生器频率调制
BANANA<A~D>	用户可配置 I/O	A~D 香蕉型插孔
BNC<1~2>+	用户可配置 I/O	1 和 2(+)BNC 连接器
BNC<1~2>−	用户可配置 I/O	1 和 2(−)BNC 连接器
SUPPLY+	可调电源	可调电源正极，提供 0~12 V 电压
GROUND	可调电源	可调电源地
SUPPLY−	可调电源	可调电源负极，提供 −12~0 V 电压
+15 V	直流电源	直流 +15 V
−15 V	直流电源	直流 −15 V
GROUND	直流电源	直流地
+5 V	直流电源	直流 +5 V
DO<0~7>	DIO	数字输出总线
WR ENABLE	DIO	写允许
RD ENABLE	DIO	读允许
DI<0~7>	DIO	数字输入总线

续表 5-1

信号名	类型	描述
ADDRESS<0~3>	DIO	地址总线输出
CTR0_SOURCE	计数器	计数器 0 源信号
CTR0_GATE	计数器	计数器 0 门信号
CTR0_OUT	计数器	计数器 0 输出信号
CTR1_GATE	计数器	计数器 1 门信号
CTR1_OUT	计数器	计数器 1 输出信号
LED<0~7>	数字输出	LED 灯输入
+5 V	直流电源	直流 +5 V
GROUND	直流电源	直流地

5.6 信号连接

本节介绍 NI ELVIS 和 DAQ 设备间的连接。附录 D 列出了连接 NI ELVIS 信号时可能发生的资源冲突。

5.6.1 接地考虑事项

因为模拟通道是差动的,必须在信号路径的某个地方建立一个接地点。只要测量的信号是以一个 NI ELVIS GROUND 引脚为参考的,就是正确参考的测量。例如测量一个电池,确保信号的一端连到 NI ELVIS GROUND 上。NI ELVIS GROUND 信号终端在原型实验板的几个地方都有,所有这些信号都连在了一起。注意,NI ELVIS 不支持浮动测量。

5.6.2 模拟输入信号的连接

本小节说明在 NI ELVIS 原型实验板上如何连接 AI 信号。关于信号源、输入模式、接地配置和浮动信号源的更多介绍见 DAQ 设备文档。

1. 常规模拟输入

NI ELVIS 原型设计板有 6 个不同的 AI 通道可用——ACH<0~5>,这些输入直接连到 DAQ 设备的输入通道上。NI ELVIS 也有两个接地引脚,即 AI SENSE 和 AI GND。

表 5-2 显示 NI ELVIS 输入通道是如何映射到 DAQ 设备的输入通道上的。

表 5-2　NI ELVIS 输入通道与 DAQ 设备输入通道的映射关系

NI ELVIS 输入通道	DAQ 设备输入通道	NI ELVIS 输入通道	DAQ 设备输入通道
ACH0+	AI0	ACH3+	AI3
ACH0−	AI8	ACH3−	AI11
ACH1+	AI1	ACH4+	AI4
ACH1−	AI9	ACH4−	AI12
ACH2+	AI2	ACH5+	AI5
ACH2−	AI10	ACH5−	AI13

2. 资源冲突

一些 AI 通道会被其他仪器的电路占用,但大多数时候仍然可以使用这些通道。用户可以不间断地使用 ACH<0~2>,如果使用 DMM 的任何阻抗分析功能,像电容测量、二极管测试等,那么 ACH5 就会被中断。如果用户正在使用示波器,那么可断开任何来自 ACH3 和 ACH4 的信号以免双重驱动这些通道。有关可能发生的资源冲突见附录 D。

当把不同的信号同时连接到原型实验板上的 DMM 端子和控制面板上的 DMM 端子时,就是把它们短接在了一起,有可能损坏原型实验板上的电路。

3. DMM

原型实验板上的电流(CURRENT)和电压(VOLTAGE)以及一个用于三线晶体管测量的附加端子都可以使用。差动输入电压标注为 VOLTAGE HI 和 VOLTAGE LO。可以通过 CURRENT HI 和 CURRENT LO 引脚使用 DMM 的其余功能。三线引脚(The Three-WIRE pin)与 CURRENT HI 和 CURRENT LO 引脚结合起来使用,测量三端设备。

同样,当把不同的信号同时连接到原型实验板上的示波器端子和控制面板上的示波器连接器上时,就是将它们短接了,有可能会损坏原型实验板上的电路。

4. 示波器

可以使用原型实验板上的示波器输入:CH <A/B>+,CH <A/B>- 和 TRIGGER(触发器)。CH <A..B>分别直接连到 DAQ 设备的 ACH3 和 ACH4 上,关于资源冲突和接地的更多介绍见 5.6.2 节。

5.6.3　模拟输出信号的连接

本小节介绍如何在原型实验板上连接 AO 信号。

1. 常规模拟输出

NI ELVIS DAC0 和 DAC1 端子提供了对两个 DAQ 设备的访问途径。DAQ 设备的输出由 NI ELVIS 硬件提供缓冲和保护。

值得注意的是，NI ELVIS 的其余功能，如 DMM 和 FGEN 在内部使用 DAC0 和 DAC1，这些功能有可能会干扰测量结果。当有潜在资源冲突时，驱动软件将产生一个错误信息，具体可参考附录 D。

2. 直流电源

直流电源输出±15 V 和+5 V。关于 DC 电源的更多信息，参见附录 A 的 NI ELVIS 性能说明。

3. 函数发生器(FGEN)

对原型实验板上的函数发生器的访问除函数发生器输出信号(FUNC_OUT)端子之外还有其他几个端子：SYNC_OUT 信号端输出一个与输出波形同频的 TTL——兼容时钟信号。AM_IN 和 FM_IN 信号分别控制调幅(AM)和调频(FM)。这些是除平台工作站上的频率微调和振幅控制之外的信号。软件 AM 由 DAC0 控制，软件 FM 由 DAC1 控制。

4. 可调电源

可调电源提供输出电压 SUPPLY+端子(0～+12 V 可调)和 SUPPLY-端子(-12～0 V可调)。接地引脚和 DC 电源的地连接在一起。

5.6.4 数字 I/O 信号的连接

NI ELVIS 提供一个数字输入(DI)和数字输出(DO)总线。输入和输出总线是 8 位总线，当处于软件模式时由 NI ELVIS 控制；当通信开关拨到旁路模式时，DI <0～7>变成直接与 DAQ 设备的数字线相连。

DO <0～7>是 NI ELVIS 到原型实验板的数字输出，输出总线逻辑高电平为+5 V，低电平为 0 V；DI <0～7>是从原型实验板到 NI ELVIS 的数字输入，逻辑高电平的最小电压是 2.0 V，低电平的最大电压是 0.8 V。当处于手动模式时，逻辑电平的高低由 DAQ 设备决定。

地址总线是一个 8 位总线，用于原型实验板上的通信。地址总线的低 4 位依次为写允许(WR ENABLE)、锁存(LATCH)、全局复位(GLB RESET)和读允许(RD ENABLE)。关于这些信号的更多介绍，见原型实验板信号描述部分(Prototyping Board Signal Descriptions section)。

地址总线的高 4 位 ADDRESS <0～3>是开放的。一些地址线一般用作继电器的数字控制线、单路或多路复用低电流控制线。

5.6.5 计数器/定时器信号的连接

原型实验板或软件提供对 DAQ 设备计数器/定时器输入的访问。这些输入用于计数和边沿检测。CTR0_SOURCE、CTR0_GATE、CTR0_OUT、CTR1_GATE 和 CTR1_OUT 信号分别等价于DAQ设备的GPCTR0_SOURCE，GPCTR0_GATE，GPCTR0_OUT，GPCTR1_GATE和GPCTR1_OUT引脚。计数器/定时器的使用和配置的详细介绍见DAQ设备文档。

FREQ_OUT信号等价于DAQ设备的FREQ_OUT信号。关于此信号的更多介绍见DAQ设备文档。

5.6.6 用户可配置信号的连接

原型实验板提供了几个不同的用户可配置的连接器：4个香蕉插孔，2个BNC连接器和1个D-SUB连接器。

8个LED用于一般数字输出。每一个LED的阳极都通过一个220 Ω的电阻连到原型实验板上，每一个阴极都接地。

用户可配置I/O连接器的信号名的更多介绍，见表5-1。

第 6 章

NI ELVIS 的编程

NI ELVIS 测量系统由 NI ELVIS 硬件、DAQ 设备和控制硬件的 LabVIEW 软件组成。各种测量可以由 NI ELVIS NI-DAQmx 驱动程序或 NI ELVIS 仪器驱动程序执行。DAQ 设备的 3 个标准测量功能为 AI(模拟输入)、AO(模拟输出)和 TIO(定时和控制 I/O)。这些功能连到 NI ELVIS 平台工作站上时就可以使用;DAQ 设备还有第 4 个功能为 DIO(数字输入输出),它不能与 NI ELVIS 测量系统直接使用。此外,NI ELVIS 平台工作站还包含可调电源、1 个函数发生器、1 个 DMM 和 NI ELVIS 仪器驱动程序控制的 DIO 电路,它位于 Instrument→I/O Instrument Drivers→NI ELVIS 下的函数板上。

如果用户的 DAQ 设备有多个 DIO 端口,只有端口 0 为 NI ELVIS 所保留。用户可以直接访问其他端口。

本章介绍如何使用 NI-DAQmx 和 NI ELVIS 仪器驱动程序对 NI ELVIS 的硬件进行编程,让用户熟悉 NI ELVIS 编程时应该知道的一些概念。NI-DAQmx 或 LabVIEW 编程的更多信息见 NI-DAQmx 文档。

6.1 使用 NI-DAQmx 对 NI ELVIS 编程

本节介绍如何使用 NI-DAQmx 对 NI ELVIS 编程。运行 LabVIEW 时可选择 Find Examples Hardware Input and Output DAQ,然后选择例子类型,可以找到其他使用 NI ELVIS 为 AI,AO 和 counter/timer 应用编程的例子,或可通过选择 Find Examples 搜索查找例子。

LabVIEW 内部的 DIO 例子不会对 NI ELVIS 硬件的 DIO 线起作用。更多有关通信旁路的使用信息见第 5 章的相关内容。

6.1.1 模拟输入

ACH3 和 ACH4 分别用于 CH A 和 CH B 中的示波器测量,使用时不要把信号同时连接到原型实验板上和前置板 BNC Scope 的通道上。

用户可以用 NI ELVIS 测量 6 个差动 AI 通道:ACH<0~5>。

在连接到 NI ELVIS 平台工作站之前,用户必须把 DAQ 设备配置为差动模式。关于配置 DAQ 设备的介绍，见 Measurement & Automation Explorer Help for NI-DAQmx，首先可以运行 MAX，然后选择 Help Help Topics NI-DAQmx MAX Help for NI-DAQmx 找到。

NI ELVIS 原型实验板上的 ACH<0～5>直接连到 DAQ 设备相应的 AI 通道上，用户可以使用 ACH<0～5>作为 LabVIEW 数据采集编程时的常规输入通道。

典型的 AI 测量包括缓冲的连续采集和带开始触发器的有限采集。关于如何用 NI-DAQmx 执行 AI 测量，见 NI-DAQmx 文档。

6.1.2　模拟输出

NI ELVIS 允许通过原型实验板上的连接器对 DAQ 设备的两路模拟输出进行访问。标注为 DAC0 和 DAC1 的 AO 信号连到 DAC 设备的同名信号端上。当用户用 DAQ VIs 编程或用已有的 DAQ 例子时，可以把这些信号端用作常规输出通道。

原型实验板上的信号端位置图见图 5-2 原型实验板部件位置图。

输出通道也被下列 NI ELVIS SFP 仪器使用：FGEN、DMM、阻抗分析仪、两线电流-电压分析仪、三线电流-电压分析仪。如果这些 SFP 仪器正在运行，这些输出通道可能就不可使用。

典型的 AO 应用包括连续波形产生和单点输出更新。更多关于如何使用 NI-DAQmx 执行 AO 应用的信息可参考 NI-DAQmx 文档。

6.1.3　定时和控制 I/O

NI ELVIS 工作站提供对 DAQ 设备的两个计数器/定时器的访问。表 6-1 显示 NI ELVIS 计数器信号如何与 DAQ 设备定时信号相对应的。

表 6-1　计数器信号对应关系表

NI ELVIS	DAQ 设备
CTR<0～1>_源信号	CTR<0～1>_源信号
CTR<0～1>_门信号	CTR<0～>_门信号
CTR<0～1>_输出信号	CTR<0～1>_输出信号

当用户用 DAQ VIs 编程或用已有的 DAQ 例子时，可以把 CTR0 和 CTR1 用作常规计数器/定时器。计数器/定时器也被 NI ELVIS-FGEN SFP 使用。如果 NI ELVIS-FGEN SFP 正在运行，计数器/定时器可能不可用。

典型的计数器/定时器应用包括脉冲系列的产生、事件计数、频率测量等。关于如何使用 NI-DAQmx 进行计数器/定时器测量可参考 NI-DAQmx 文档。

NI ELVIS 工作站也提供对 DAQ 设备上的可编程函数输入（the programmable function input，简称 PFI）引脚的访问。这些引脚用于一些高级应用中，这些应用要求对一项测量进行外部控制。这些高级应用包括触发和扫描时钟控制。

更多关于 PFI 引脚的说明，参见 NI-DAQmx 文档和 DAQ 设备文档。

6.2 用 NI ELVIS LabVIEW API 对 NI ELVIS 编程

仪器驱动程序是一组控制可编程仪器的软件例程安排,每一步例程对应一项计划操作,如配置、读出、写入以及对仪器的触发。仪器驱动程序减少了对仪器编程协议的学习,从而简化了仪器控制。

NI ELVIS 仪器驱动程序是 LabVIEW VIs 的集合,提供了一个 API 用于控制 NI ELVIS 硬件。API 允许用户按逻辑方式把 VIs 连接起来,以控制 NI ELVIS 平台工作站硬件的功能。

当使用 NI ELVIS 仪器驱动程序时,通用程序设计流程是初始化-操作-关闭。初始化 VIs 建立与 NI ELVIS 平台工作站的通信并将元件配置为所定义的状态。为特定元件生成一个参考号,接下来随后的虚拟仪器用这个参考号进行想要执行的操作。

仪器驱动程序处理在 NI ELVIS 元件间发生的资源共享冲突问题。例如,DMM 使用函数发生器进行测量。如果没有资源管理,当一项使用函数发生器的应用正在运行,另一个 DMM 应用也在运行时,那么两个应用中的一个或两者都可能会返回不正确的结果。为预防这个问题,如果驱动程序检测到资源正在使用时就会返回一个错误。

资源管理仅在一个 LabVIEW 程序中有效。因而,如果编制的一项使用 NI ELVIS 仪器驱动程序的应用(可执行的)与另外一项使用该驱动程序的应用同时运行,资源管理在两个程序间无效且会产生不正确的结果。

要确保使用带仪器驱动程序的 NI ELVIS 程序的结果正确,首先必须关闭 SFP 仪器。

运行 LabVIEW 后选择 Find Examples Hardware Input and Output DAQ,接着选择例子的类型,用户就可以找到其他例子,这些例子是关于 AI、AO 和计数器/定时器应用方面的。

6.2.1 可调电源

NI ELVIS 平台工作站有两个可调电源,用户可以用 NI ELVIS 仪器驱动程序来控制。驱动程序允许用户选择控制任一个电源,并设定它的输入电压。图 6-1 显示了一个简单的可调电源。

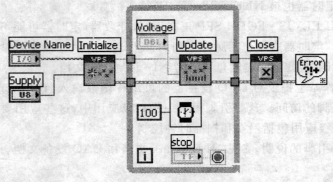

图 6-1 简单可调电源应用

在初始化中选择要控制的电源,然后在循环中连续更新。当循环结束时,输出置为零。DAQ 设备号用来识别连到 NI ELVIS 平台工作站上的 DAQ 设备。

关于可调电源 API 中的特定 VIs 的更多信息,可见 NI ELVIS Help。

6.2.2 函数发生器

用户可以用 NI ELVIS 仪器驱动程序控制 NI ELVIS 平台工作站的函数发生器。驱动程序允许用户更新频率、峰值振幅、设置 DC 偏移量和函数发生器输出的波形类型。一个简单应用如图 6-2 所示。

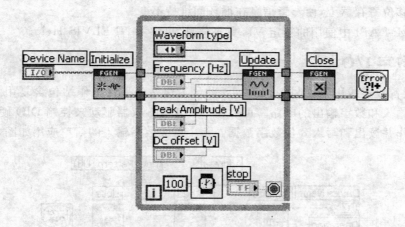

图 6-2 简单函数发生器应用

函数发生器的输出在初始化过程中置为零,然后波形参数在循环中连续更新。当循环结束时,输出置为零。DAQ 设备号用来识别连到 NI ELVIS 工作站上的 DAQ 设备。

使用 NI ELVIS FGEN - Configure VI 可以配置函数发生器。在 API VIs 间传送的参考包含关于当前配置状态的信息。如果在一个循环中使用配置 VI,应该把参考连到移位寄存器,从而使参考信息在循环间保持不变。

关于函数发生器 API 中使用的特定 VIs 的更多信息,请参阅 NI ELVIS Help。

6.2.3 数字万用表(DMM)

NI ELVIS 平台工作站含有与 DAQ 硬件结合的电路,允许 DMM 测量,如测量电压、电流和电阻。可以用 NI ELVIS 仪器驱动程序控制 DMM 硬件,驱动程序可以配置测量类型并读出测量结果。一个简单应用如图 6-3 所示。

配置测量类型,返回测量值,然后关闭 DMM 参考号。DAQ 设备号用于识别连到 NI EL-VIS 平台工作站上的 DAQ 设备。关于设备号的更多信息,参阅 DAQ 文档。

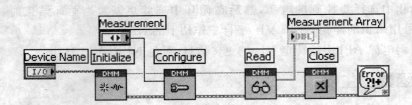

图 6-3 简单 DMM 应用

在 API VIs 间传送的参考号含有关于当前配置状态的信息。如果配置 VI 用在循环中，把参考连到移位寄存器上，使参考信息在循环间维持不变。

关于 DMM API 中使用的特定 VIs 更多信息，可参考 NI ELVIS Help。

6.2.4 数字 I/O

DAQ 设备数字线用于控制 NI ELVIS 平台工作站。平台工作站包含复用 DAQ DIO 线以提供数字输入和数字输出的电路。可以用 NI ELVIS 仪器驱动来控制 DIO 硬件，驱动允许配置数字操作并读出和写入 8 位数字数据。一个有关数字输入的简单应用如图 6-4 所示。

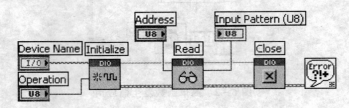

图 6-4 简单数字输入应用

配置数字输入，返回数字数据，然后关闭 DIO。一个数字输出的简单应用如图 6-5 所示。

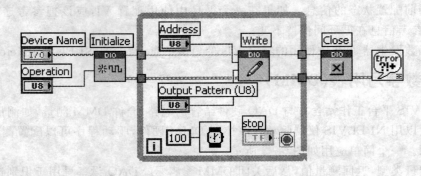

图 6-5 简单数字输出应用

配置数字操作,输出数字数据,然后关闭 DIO 参考号。DAQ 设备号用于识别连到 NI ELVIS平台工作站上的 DAQ 设备。有关 DIO API 中特定 VIs 的更多信息,请参阅 NI EL-VIS Help。

6.2.5 示波器

NI ELVIS 的示波器组件没有在仪器驱动中说明,因为用户可以用 NI-DAQmx 直接访问其功能。

第 3 篇
NI ELVIS 虚拟仪器教学实验例程

本篇内容包含了 12 个 NI ELVIS 基础与应用实验。实验内容选材充实、图文并茂、例程丰富,便于学生和教师使用。

第 7 章

NI ELVIS 基础实验

NI ELVIS 实验箱如图 7-1 所示，NI ELVIS 工作环境包括组建电路的 NI ELVIS 工作站和原型实验板及 NI ELVIS 软件。软件均由 LabVIEW 编制。

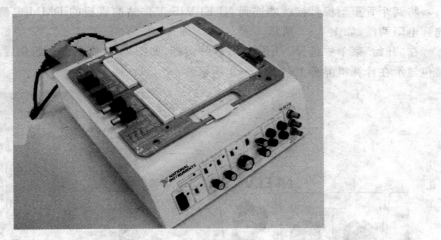

图 7-1 NI ELVIS 实验箱

7.1 实验目的

该实验主要使用 NI ELVIS 工作站进行电子元器件特性的测量或测试，然后在原型实验板上组建电路，再利用基于软前置板(SFP)的 NI ELVIS 的 LabVIEW 软件包或软件仪器分析结果。

7.2 实验中用的软前置板(SFP)

数字欧姆表 DMM[Ω]，数字电容表 DMM[C]，数字电压表 DMM[V]。

7.3 实验中用的元器件

1.0 kΩ 电阻 R_1(棕,黑,红);
2.2 kΩ 电阻 R_2(红,红,红);
1.0 MΩ 电阻 R_3(棕,黑,绿);
1 μF 电容 C。

7.4 元件参数测量实验

将两个香蕉型探针接线端连到 NI ELVIS 工作站前置板的 DMM 电流输入端,另外两端连到电阻两端,如图 7-2 所示。

在"开始"菜单中选择 NI ELVIS 软件图标,如图 7-3 所示。初始化后,LabVIEW 软件仪器包显示在计算机屏幕上,如图 7-4 所示。

图 7-2　NI ELVIS 前置板的 DMM

图 7-3　NI ELVIS 软件图标

在图 7-4 的 NI ELVIS 界面中选择 Digital Multimeter(数字万用表),得到图 7-5 所示的 DMM 软界面。

NI ELVIS 基础实验

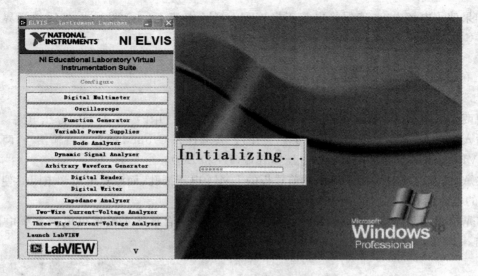

图 7-4 NI ELVIS 软件仪器包界面

数字万用表的 SFP 有多种用途，我们用符号 DMM[X] 来表示 X 类操作。单击 Ω 按钮表示使用数字欧姆表功能 DMM[Ω]，可以测量电阻器 R_1, R_2, R_3 的值。选择电容按钮（—|⊢—），用相同的连线，使用数字电容表示功能（即 DMM[C]）可测量电容 C，测量值填入表 7-1 中。

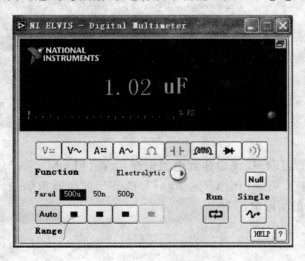

图 7-5 DMM 软界面

表 7-1 DMM 测量数据表

内容	实测值	标称值
R_1	Ω	1.0 kΩ
R_2	Ω	2.2 kΩ
R_3	Ω	1.0 MΩ
C	μF	1 μF

如果使用电解电容,确保将电容正极连到 DMM 电流正(+)输入端,然后选择界面中的 DMM[C]。

7.5 分压电路实验

用两个电阻 R_1 和 R_2 在 NI ELVIS 原型实验板上组建如图 7-6 所示的分压电路。

输入电压 V_0 连到原型实验板+5 V 插孔,公共端连到 Ground 插孔。将输出 V_1 两端连到 NI ELVIS 工作站前置板的 DMM 电压输入端(HI 和 LO)。

注意,测量电压时要使用工作站前置板的 DMM 电压插孔,而测量电流和电阻时使用的是 DMM 的电流插孔。

首先检查电路,然后将实验箱上电源开关拨到上端给原型实验板供电。三个电源指示 LED 灯+15 V,-15 V 和+5 V 点亮,如图 7-7 所示。

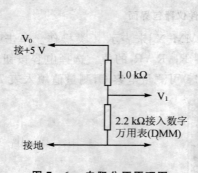

图 7-6 电阻分压原理图

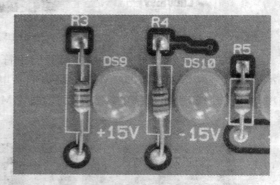

图 7-7 原型实验板电源指示灯

如果有些 LED 灯不亮而其他的亮,那么电源线的保险丝可能已经烧掉了,此时可参照 NI ELVIS 用户手册更换保险丝。

将工作站 DMM 前面板的两个香蕉型探针接线端连到电路电源端 V_0,用 DMM[V]测量输入电压。由电路基础理论可得输出电压 $V_1=[R_2/(R_1+R_2)]\times V_0$。用前面测得的 R_1,R_2 和 V_0 的值计算 V_1,然后用 DMM[V]测量实际电压 V_1。

V_1(计算值)_____ V;V_1(测量值)_____ V。

考察测量值与计算值的一致程度。

7.6 DMM 测量电流实验

由欧姆定律可知,上述电路中流过的电流值等于 V_1/R_2,因此可用 V_1 和 R_2 的测量值计算该电流值,然后直接测量,将原型工作站前置板 DMM[I] 输入端 HI 和 LO 接入电路进行测量,测试电路如图 7-8 所示。

选择函数 DMM[A—]测量电流值:
  I(计算值)_____ A;I(测量值)_____ A。
考察测量值与计算值符合程度。

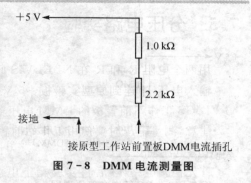

图 7-8　DMM 电流测量图

7.7 RC 暂态电路电压变化实验

按图 7-9 或图 7-10 组建 RC 暂态电路。将分压电路中的 R_1 用 R_3(1 MΩ)代替,R_2 用值为 1 μF 电容 C 替换;把测量导线接到工作站操作前置板的 DMM(电压)端口,选择 DMM[V]。

图 7-9　RC 暂态电路原型试验图

当给原型实验板供电后,电容两端电压会呈按指数规律上升。观察 DMM 显示的电压变化规律。本例大约需要 5 s 就可使电压上升到稳态值 V_0。关掉电路电源后,电容两端电压会按指数规律下降到 0 V。

为了从 DMM 电压输入端读出精确值,需要用运算放大器接高输入阻抗,这里用一个

FET OP AMP，例如 LM356 组建一个单位增益电路，如图 7-11 所示。把运算放大器输出端（脚 6）连到输入端（脚 2），电路增益为 1，输出电压（脚 6）将会随着电容电压的变化而变化。

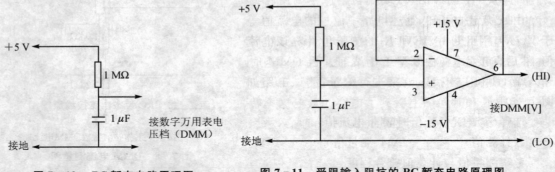

图 7-10 RC 暂态电路原理图　　　　图 7-11 受限输入阻抗的 RC 暂态电路原理图

7.8 观察 RC 暂态电路电压实验

去掉 +5 V 电源线，用原型实验板上的可调电源 VPS+ 代替。将输出电压 V_1 连接到 ACH0+ 和 ACH0-，接线图如图 7-12 所示，原理图如图 7-13 所示。

图 7-12 RC 暂态电路接线示意图

关闭 NI ELVIS 软件包，打开 LabVIEW。按图 7-13 的电路编写用户本身的 LabVIEW 应用程序，或从 NI ELVIS VI 实用帮手库中调用已编好的"RC 暂态响应.vi"应用程序。

该程序用 LabVIEW API 打开电源 6 s，然后关闭 6 s，可变电源由 8 V 变为 2.5 V 各 6 s，这时电容两端电压变化显示在 LabVIEW 图 7-14 上。在电容电压和时间图上看到了电容充放电这个转换过程。读者试估计出时间常数。

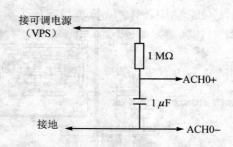

图 7-13 RC 暂态电路接线原理图

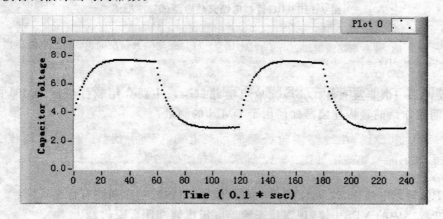

图 7-14 RC 暂态电路响应图

图 7-14 清晰地表明了 RC 电路的充放电特征。电路时间常数 τ 定义为 R_3 和 C 的乘积。由基尔霍夫定律容易得出电容两端充电电压 V_C 为：

$$V_C = V_0[1 - \mathrm{EXP}(-t/\tau)]$$

放电电压 V_D 为：

$$V_D = V_0 \mathrm{EXP}(-t/\tau)$$

如图 7-15 所示是 RC 暂态电路充放电测试程序框图，下面通过此图了解此程序是如何工作的。

左侧的 VPS 初始化 VI 启动 NI ELVIS，VPS+ 上的输出电压设为 8 V；之后第 1 个序列以 0.1 s 的采样间隔对电容两端电压取 60 个序列值，即 6 s；下一个序列把 VPS+ 电压设为 2.5 V，最后的这个序列将样本值输出。

本实验使用 ACH0 作为模拟量输入通道。结合实际硬件，若使用 ACH1 作为输入通道，程序中的通道号应做相应改变。

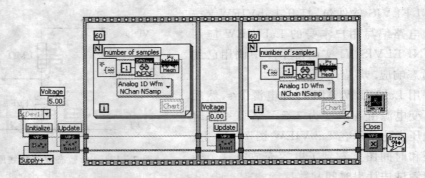

图 7-15　RC 暂态电路充放电测试程序框图

亮　点

本章设计了一个非常有趣的 RC 充放电电路试验。主要介绍软件仪器 DMM 的使用方法；同时说明工作站前置板连接器如何用于 DMM 的测量。

思考题

1. 在 RC 暂态电路中，改变 R 或 C 的参数值，观察输出响应曲线有什么不同。
2. 改变程序中的 VPS+ 值，观察稳态输出电压幅值有什么变化。
3. 若程序中电容两端电压采样序列值改为 50，观察此时的充放电时间有变化吗？

若想要使得电压幅值达到 10 V，有几种使用方法？

4. 如何利用 LabVIEW 工具模板（Tools Palette）改变界面颜色，使其更为美观。

提示：工具模板提供了各种用于创建、修改和调试 VI 程序的工具。如果该模板不可见，则在菜单栏选择 Windows→Show Tools Palette 选项可以显示该模板，如图 7-16 所示。

图 7-16　Tools Palette 模板示意图

第 8 章

数字温度计实验

热敏电阻是由半导体材料制成的两线元件,它有一个负的温度系数和一个非线性的响应曲线。热敏电阻可用于一定动态范围内测量温度的传感器中,或温度报警电路中,一个设计好的温度记录仪前置板如图 8-1 所示。

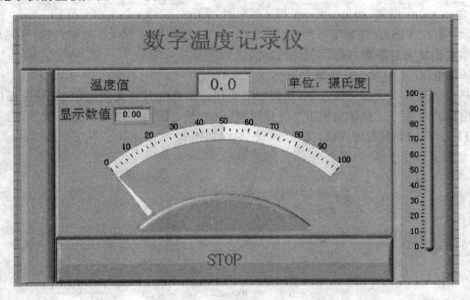

图 8-1 数字温度计应用前置板

8.1 实验目的

该实验介绍 NI ELVIS 可调电源 VPS,它可以与工作站前置板或嵌入 LabVIEW 程序中的虚拟仪器一起使用。VPS 在分压电路中激励 10 kΩ 的热敏电阻。电阻器两端的电压与其电阻值有关,而电阻值又与其温度有关。该实验演示了 LabVIEW 控制器和指示器与 NI EL-VIS API 是如何构建数字温度计的。

8.2 实验中用的软前置板(SFP)

数字欧姆表 DMM[Ω],数字电压表 DMM[V],可调电源 VPS。

8.3 实验中用的元器件

10 kΩ 电阻 R_1(棕,黑,橙);
10 kΩ 热敏电阻 R_T。

8.4 电阻元件参数测量实验

启动 NI ELVIS,选择数字万用表,单击 Ω 按钮。首先连接 10 kΩ 电阻,然后是热敏电阻,最后测量它们的元件参数,填入下面空白处:

10 kΩ 电阻_____Ω;热敏电阻_____Ω

把热敏电阻放在手指尖间加热,观察电阻变化。随温度升高而使电阻减小(负温度系数)是热敏电阻特征之一。热敏电阻由半导体材料制成,其电阻与环境温度呈指数关系。热敏电阻和 RTD(100 铂电阻温度设备)关系的特性曲线如图 8-2 所示。

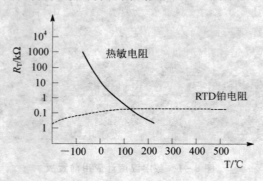

图 8-2 热敏电阻和 RTD 铂电阻关系的特性曲线

8.5 可调电源的操作实验

从 NI ELVIS 仪器启动器中选择 Variable Power Supplies。
NI ELVIS 有两个可调电源,—12～0 V 和 0～+12 V,每一个可以提供的电流最大值为 500 mA。图 8-3 为可调电源软前置板(SFP)。

图 8-3 可调电源软前置板

在 NI ELVIS 工作站前置板上,将 VPS+开关拨到手动位置。

注意虚拟 VPS 窗口中的控制已经变成灰色,不能再用鼠标操作。一个绿色的 LED 灯点亮指明了 VPS 处于手控状态,此时仅有前置板上的操作控制可以改变输出电压。

用导线连接[VPS+]和[Ground]插槽与工作站前置板 DMM 电压输入端。

选择 DMM[V],旋转工作站操作前置板上的 VPS 手柄,观察 DMM[V]上的电压变化。

将工作站的[VPS+]开关滑到下端(非手动)时,可以使用计算机屏幕上的虚拟 VPS 进行控制了。鼠标按住并拖动虚拟按钮可改变输出电压。RESET 按钮可以使输出电压很快归零。VPS-以相同的方式调节,只是输出电压为负。

8.6 用于 DAQ 操作的热敏电阻电路实验

在工作站原型实验板上用 10 kΩ 电阻和一个热敏电阻组建一个分压电路。输入电压分别连到[VPS+]和[Ground]插槽。用工作站 DMM[V]端口连接到热敏电阻两端,热敏电阻接线原理图如图 8-4 所示。

将工作站可调电源的滑动开关[VPS+]置为手动,给原型实验板供电,观察 DMM[V]上的电压值。当把[VPS+]电压从 0 增加到+5 V 时,热敏电阻两端电压 V_T 应该增加到 2.5 V。如图 8-5 所示。

将电源电压降到+3 V,用手指尖加热

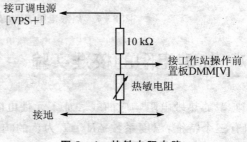

图 8-4 热敏电阻电路

热敏电阻,观察电压下降情况,如图8-6所示。

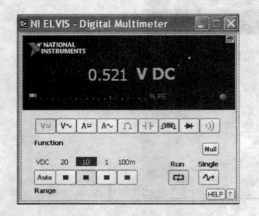

图8-5 加热前的热敏电阻电压

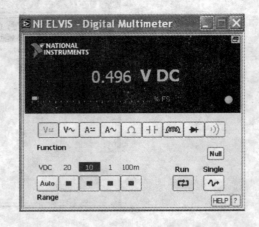

图8-6 加热后的热敏电阻电压

计算热敏电阻阻值的标准分压方程如下：

$$R_T = R_1 \times V_T/(3 - V_T)$$

这个方程称为比例函数,可以把测得的电压值转换为热敏电阻的阻值。V_T可以很容易地使用 NI ELVIS DMM 或用一个 LabVIEW 程序测得。在25℃的环境温度下,阻值大约是10 kΩ。

在 LabVIEW 中,还可将上述比例函数编为一个子虚拟仪器(Sub VI),如图8-7所示。

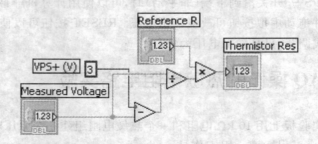

图8-7 热敏电阻 $R_T = R_1 \times V_T/(3-V_T)$ 实现程序框图

8.7 热敏电阻的校准实验

典型的热敏电阻响应曲线表征了元件电阻与温度间的关系。从曲线中可以看出一个热敏电阻有三个特征：温度系数 $\Delta R/\Delta T$ 为负的响应曲线是非线性的(指数形式的)；阻值在几十倍的范围内变化。用数学方程拟合响应曲线可以得出校准曲线。图8-8所示校准虚拟仪器就是一个热敏电阻的范例,图8-9是相应的前置板结果示意图。同时也说明了 LabVIEW 公式节点是如何用于数学方程的。

图 8-8　热敏电阻校准实验程序框图　　　　图 8-9　热敏电阻校准实验运行结果

8.8　构建一个 NI ELVIS 虚拟数字测温计实验

　　数字测温计程序使用 VPS 给热敏电阻电路供电,然后读出热敏电阻两端电压值,并转换成温度值。可以编写自己的 LabVIEW 应用程序(或从 NI ELVIS 实用帮手库中选择"数字测温计.vi")。程序框图如图 8-10 所示。

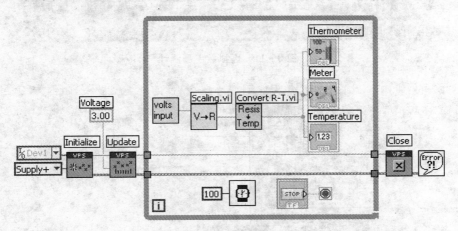

图 8-10　热敏电阻测试程序框图

　　NI ELVIS 与 DAQ 有相同的设备号(通常为 1)。NI ELVIS 初始化选择 VPS(+)。然后随着 VPS 更新的变化,电源上的电压变为+3 V。
　　利用 While 循环以序列的形式测量、刻度、校准、显示温度。VoltsIn.vi 测量热敏电阻的电压值。Scaling.vi 用上述比例公式将测得的电压值转换成阻值。Convert R-T.vi 用已知的校准方程把阻值转换为温度值。最后,在 LabVIEW 前置板上显示出温度。
　　数字测温计连续运行,直到前置板上的 Stop 按钮被激活为止。循环结束时,VPS 置为 0 V。
　　从 NI ELVIS VI 实用帮手库中打开"数字测温计.vi"。实验结果如图 8-11 所示。
　　对于那些希望自己编程序的人,可以使用 DT Template.vi(可在 NI ELVIS VI 帮手库中找到)并添加自己的程序类型。在 Functions→All Functions→Instuments(I/O)→Instument Driv-

ers→NI ELVES→Variable Power Supply 菜单中找到 VPS API,操作界面如图 8-12 所示。

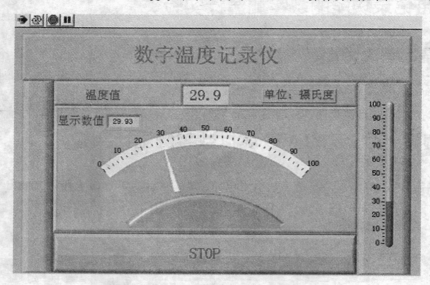

图 8-11 虚拟数字测温计

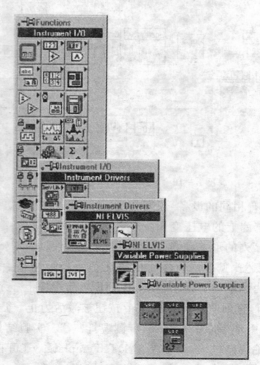

图 8-12 VPS API 操作界面

8.9 带记录功能的数字测温计实验

简单的数字测温计在前置板上显示三个指示器：一个数字显示、一个 meter 及一个温度表。常常只需要一种或两种显示格式。然而，添加一个记录仪会使温度趋势看起来更方便。例如，实验电路仍然是图 8-4，"数字测温记录仪.vi"（在 NI ELVIS VI 实用帮手库中）已经在前置板上添加了一个带记录功能的温度测量界面，程序框图如图 8-13 所示，运行显示界面如图 8-14 所示。

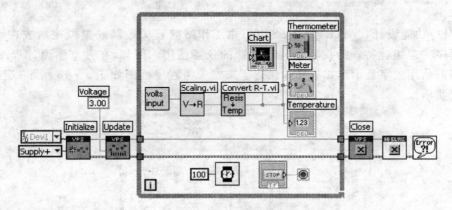

图 8-13 带记录功能的数字测温计程序框图

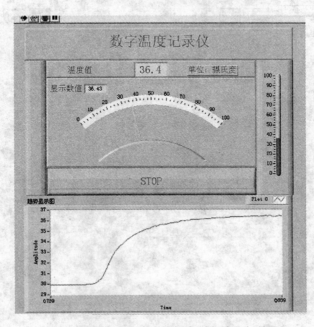

图 8-14 带记录功能的数字测温计运行结果

亮 点

本章实验介绍 NI ELVIS 可调电源 VPS 的使用方法,并演示了 LabVIEW 控制器和指示器与 NI ELVIS 是如何构建数字温度计的。

思考题

1. 保持功能设计:NI ELVIS VPS 可以由工作站前置板控制或虚拟控制或在一个 LabVIEW 程序一起组建特殊的仪器为构建特殊的仪器使用。例如,在数字测温计程序中,怎样才能把当前值用数字显示形式采样和保持下来?参考程序框图如图 8-15 所示;运行结果如图 8-16 所示。

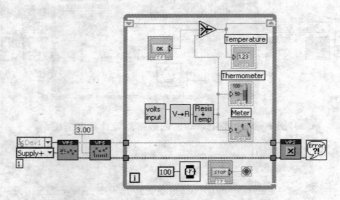

图 8-15　带保持功能的数字测温计

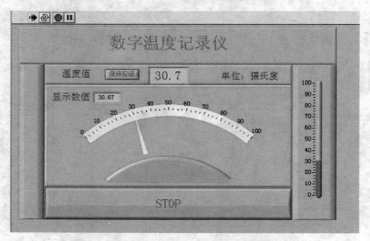

图 8-16　带保持功能的数字测温计运行结果

2. 如何添加一个滚动条,可以随时查看历史和当前的温度值,并可以得到一段时间内的温度曲线,在 NI 实用帮手库中打开"带历史查看功能的数字测温计.vi",如图 8-17 所示。

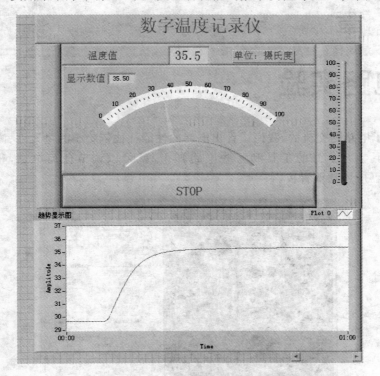

图 8-17 带历史查看功能的数字测温计程序框图及运行结果

第 9 章

交流电路实验

大多数电子电路是交流的,我们设计出电路的性能往往依赖于测量元件、测量阻抗和显示电路性能的工具。有了好的工具和一些电路知识,就可以调节任何电路,得到最优响应。图 9-1 为示波器应用软前置板。

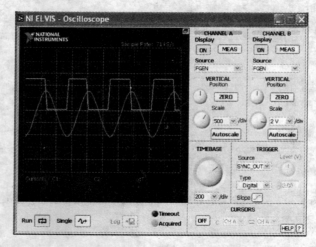

图 9-1 示波器应用软前置板

9.1 实验目的

该实验介绍用于交流电路的 NI ELVIS 工具:数字万用表、函数发生器、示波器、阻抗分析仪和波特图分析仪。

9.2 实验中用的软前置板

数字万用表 DMM[Ω],函数发生器 FGEN,示波器 OSC,阻抗分析仪 IA 和波特图分析仪 BodeA。

9.3 实验中用的元器件

1 kΩ 电阻 R(棕,黑,红);
1 μF 电容 C。

9.4 电路元件参数的测量实验

启动 NI ELVIS 仪器启动器,选择数字万用表(DMM)。
使用 DMM[Ω]测量电阻 R,然后用 DMM[C]测量电容 C,填入下表:
电阻 R _____ Ω(1 kΩ 标称值);电容 C _____ μF(1 μF 标称值)
完成测量之后关闭 DMM。

9.5 元件和电路阻抗 Z 的测量实验

对一个电阻来说,其阻抗和电阻值相同。电阻阻抗可以在一个二维图上用一条沿 X 轴的线来表示,称为实元件;对一个电容来说,其阻抗(更确切地说是电抗)X_C 是虚数,可以在一个二维图上用一条沿 Y 轴的线来表示,称为虚元件。在数学上,电容电抗表示为:

$$X_C = 1/j\omega C$$

其中,ω 为角频率(单位为 rad/s),j 是一个用于表示虚数的符号。

RC 串联电路的阻抗是两个元件的和,R 是电阻(实的)元件,X_C 是电抗(虚的)元件。

$$Z = R + X_C = R + 1/j\omega C$$

这也可以用一个极坐标图上的相量表示:

$$M(幅值) = \sqrt{R^2 + X_C^2}$$
$$\theta(相位) = \arctan(X_C/R)$$

电阻有一个沿实轴(X)的向量,电容有一个沿负虚轴(Y)的向量。

从 NI ELVIS 虚拟仪器启动器菜单中选择 Impedance Analyzer(阻抗分析仪),图 9-2 所示为阻抗分析仪的软前置板。

① 将工作站操作前置板 DMM(电流)输入端连到 1 kΩ 电阻。检验向量是否沿实轴方向且相角为零。计算机屏幕上可以用

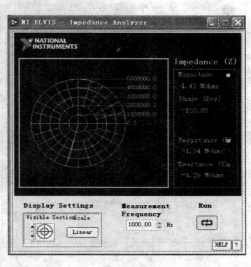

图 9-2 阻抗分析仪软前置板

颜色很好地区分开,如图9-3所示。

② 将工作站操作前置板 DMM(电流)输入端连到电容。检验向量是否沿负虚轴方向且相角为270°或-90°,如图9-4所示。

③ 调整测量频率控制框,观察电抗变化。当频率增加时,电抗(向量长度)减小;频率减小时,电抗(向量长度)增加,如图9-5所示。

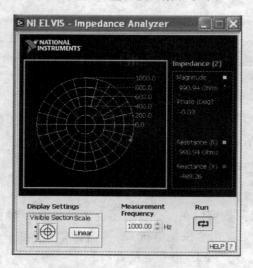

图9-3 电阻阻抗特性

图9-4 电容阻抗特性

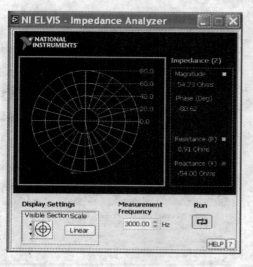

(a)

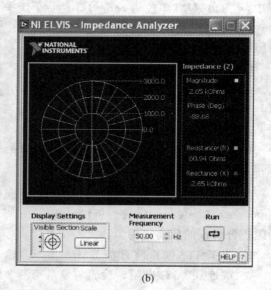

(b)

图9-5 频率对阻抗的影响

④ 现在将电容与电阻串联连接(确认该电路没有接地)。电路向量既有实数部分也有虚数部分。将工作站操作前置板 DMM[A]输入端连到串连的电阻及电容的两端,改变频率并观察向量变化情况。

调节频率直到电抗部分(X)等于电阻部分(R)。这是一个特殊频率值,相角为_____度。该点向量的幅值是多少?(答案:$R/\sqrt{2}$,如图 9-6 所示)

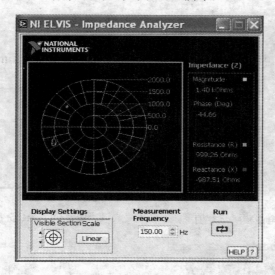

图 9-6 串联电路阻抗频率特性

完成之后关闭阻抗分析仪。

9.6 用函数发生器和示波器测试 RC 电路实验

在工作站的原型实验板上,用一个 1 μF 电容和一个 1 kΩ 电阻组建分压电路。把 RC 电路的输入连到 FGEN 和 Ground 插槽上,R-C 分压电路接线如图 9-7、图 9-8 所示。

从 NI ELVIS 仪器启动器上选择 Function Generator(函数发生器),显示界面如图 9-9 所示。

FGEN SFP 常用控制有:调节频率、选择波形(正弦波、方波或三角波)和选择波形幅度。所有这些控制既可以在软前置板上以软件设置的形式实现,也可以通过将工作站操作前置板上的函数发生器开关拨到手动来选择这些控制。

用示波器可观察 RC 电路电压变化。

从 NI ELVIS 仪器启动器上选择 Oscilloscope(示波器),channel A 的 Source 选择函数发生器的输出 FGEN FUNC_OUT,channel B 的 Source 选择 ACH0。如图 9-10 所示。

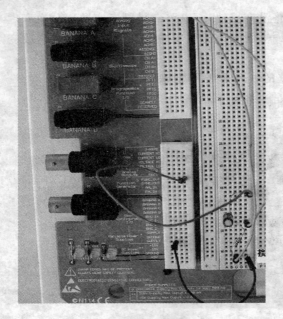

图9-7 RC分压电路接线示意图

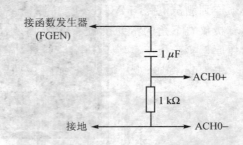

图9-8 RC分压电路接线原理图

图9-9 函数发生器软前置板

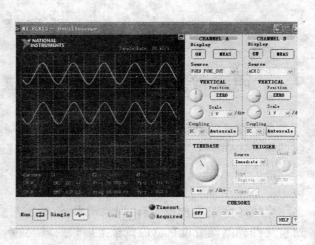

图9-10 示波器软前置板

试验完成后,关闭函数发生器和示波器。

9.7 RC 电路的增益/相位波特图实验

波特图以严格实图形式定义了一个交流电路的频率特征。幅值响应图以电路增益（单位为 dB）为纵轴，以频率为横轴；相位响应图以输入输出信号相位差为纵轴，以频率为横轴。

从 NI ELVIS 仪器上启动器选择 Bode Analyzer（波特图分析仪）。

波特图分析仪允许在一定频率范围内扫描，按步长 Δf 从起点到终点频率；也可以设置要测试的正弦信号的幅值，波特图分析仪用 SFP 函数发生器产生要测试的波形。FGEN 输出插槽必须连到测试电路与 ACH1 上，待测电路的输出连到 ACH0 上。更详细的情况可以单击波特图分析仪右下角的帮助按钮。

在原型实验板上重建 RC 电路，接线如图 9-11、原理如图 9-12 所示。

单击 Run 按钮，观看波特图，如图 9-13 所示。

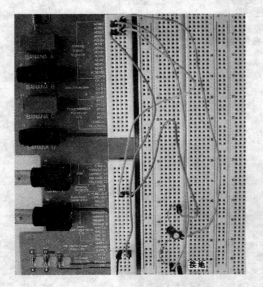

图 9-11 一种 RC 分压电路接线示意图

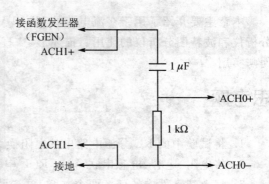

图 9-12 一种 RC 分压电路接线原理图

这里的 R＝1 kΩ，C＝1 μF，则由 $X_C=1/j\omega C$，知传递函数为 $H(j\omega)=R/(X_C+R)=1000/(1000+100000/j\omega)$。用显示选项可选择绘图标志，用光标可读出各点处的数值。例如，本例给出幅值下降 3 dB 处的频率与相角为 45°处的频率相同。

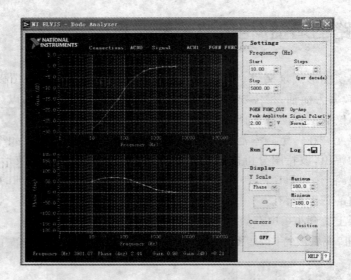

图 9-13　RC 电路的波特图

亮　点

本章主要介绍了用于交流电路的 NI ELVIS 工具：数字万用表、函数发生器、示波器、阻抗分析仪和波特图分析仪的使用。描述形象、直观，使用方便，用户能充分感受到虚拟仪器的方便与实用。

思考题

1. 将试验中的 RC 分压电路中的电阻换为电感，重复试验过程，观察试验结果。
2. 将电阻、电容、电感串联，构成 RCL 串联电路，重复试验过程，观察试验结果。
3. 将上述元件中的任意两个并联，再与另一个串联，观察试验结果。
4. 对于 RC 电路，观察 RC 激励信号与响应信号之间的幅值、相位、频率间的关系，想想为什么，与理论计算一致吗？
5. 示波器和波特图分析仪 SFP 都有一个记录按钮（Log），当图上的数据被激活时，即可在硬盘上保持一个电子数据表文件，想想怎样用 Excel 或 LabVIEW 读出或用其他分析方法或绘图程序作进一步分析。

第10章

Op Amp 滤波器实验

在基本的 Op Amp 电路上增加一些电容和电阻能形成很多有趣的模拟电路,如滤波器、积分器、微分器:滤波器可以用来设定特定的频带;积分器用于比例控制;微分器用于噪声抑制和波形发生电路。一个带通滤波器的幅频特性曲线如图 10-1 所示。

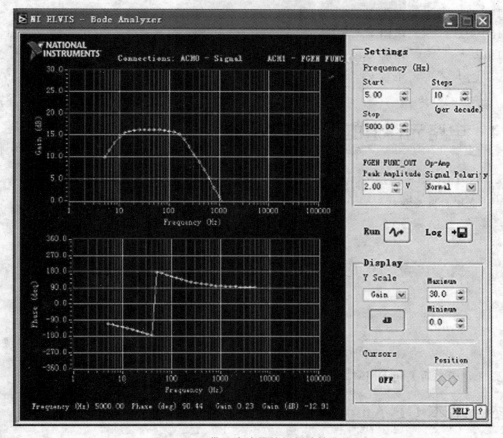

图 10-1 带通滤波器的幅频特性曲线

10.1 实验目的

该实验使用 NI ELVIS 仪器包测试低通、高通和带通滤波器的特征。

10.2 实验中用的软前置板

数字万用表 DMM,函数发生器 FGEN,示波器 OSC,阻抗分析仪 IA,波特图分析仪等。

10.3 实验中用的元器件

10 kΩ   电阻 R_1(棕,黑,橙);
100 kΩ   电阻 R_f(棕,黑,黄);
1 μF   电容 C_1;
0.01 μF   电容 C_f;
741 Op Amp。

10.4 电路元件值的测量实验

启动 NI ELVIS,选择 Digital Multimeter(数字万用表,DMM),用 DMM[Ω]测量电阻,然后用 DMM[C]测量电容。填入表 10-1。

表 10-1 DMM 测量数据

内 容	实测值	标称值
R_1	Ω	10 kΩ
R_f	Ω	100 kΩ
C_1	μF	1 μF
C_f	μF	0.01 μF

测量完毕之后关闭 DMM。

10.5 基本 OP Amp 电路的频率响应实验

在工作站原型实验板上组建一个增益为 10 的简单的 741 反相 OP Amp 电路,接线如

图 10-2 所示,原理如图 10-3 所示。

图 10-2 741 运算放大器组成的放大电路接线图

注意,OP Amp 使用+15 V DC 和-15 V DC 两个电源供电。把 OP Amp 的输入电压 V_1 连到 FGEN 和 Ground 插槽;OP Amp 的输出电压 V_{out} 连到示波器输入插槽CHA+和 CHA-。

从 NI ELVIS 仪器启动器中选择 Function Generator(函数发生器)和 Oscilloscope (示波器)。

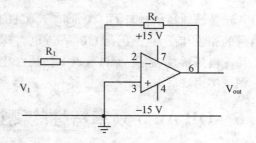

图 10-3 741 运算放大器组成的放大电路原理图

在示波器面板上选择通道 A 为 BNC/Board CH A,观测输出信号;设置通道 B 设置为 FGEN FUNC_OUT,观测输入信号。注意,这里不必在原型实验板上将通道 B 用线连到示波器上。

在函数发生器面板上设置如下参数,
- 波形:正弦
- 峰值:1 V
- 频率:1 kHz
- DC 偏置:0.0 V

检查电路,然后给原型实验板供电,运行函数发生器和示波器。观察通道 B 上的电压 V_1

和通道 A 上的 OP Amp 输出电压 V_{out}。

测试结果如图 10-4 所示。

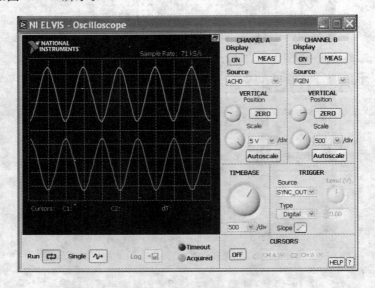

图 10-4 示波器测试结果

从示波器窗口中测量 OP Amp 输入(CH B)和输出(CH A)的幅值。注意,输出信号和输入信号的相位相反,这是因为 OP Amp 电路具有反相作用的缘故。

计算电压增益(通道 A 与通道 B 幅值之比),观察测量值与理论增益(R_f/R_1)是否一致。

测试结束之后关闭函数发生器和示波器窗口。

10.6 OP Amp 频率特性的测试实验

研究 OP Amp 的交流特性响应曲线的最好方法就是测量它的波特图。一个反相 OP Amp 电路的传递函数是:

$$V_{out} = -(R_f/R_1)V_1$$

其中,V_{out} 是 OP Amp 的输出,V_1 是 OP Amp 的输入(这里是 FGEN 的幅值),增益是(R_f/R_1)。注意,负号表示输出与输入信号是反相的。对一个值为 10 的增益来说,波特图幅值为 20 dB。

从 NI ELVIS 软前置板(SFP)中选择波特图分析仪。

信号输入(V_1)及输出(V_{out})连到下列插槽:

V_1+　　　　　　　ACH1+　　　(由函数发生器输出)

V_1-　　　　　　　ACH1-

$V_{out}+$　　　　　　ACH0+　　　(由 OP Amp 输出)

V_{out} —	ACH0 —

波特图分析仪设置如下扫描参数：

起点	5 Hz
终点	50 000 Hz
步长	10

单击 Run 按钮，观察由反相 OP Amp 电路得到的波特图，如图 10-5 所示。

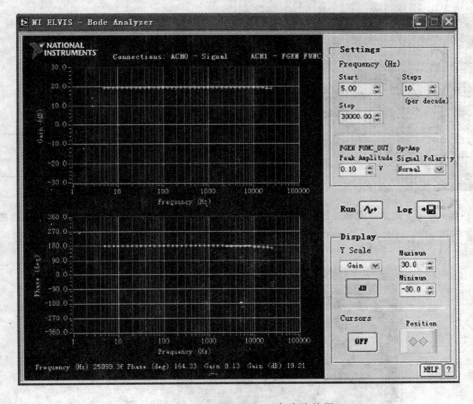

图 10-5 反相 OP Amp 电路波特图

10.7 高通滤波器实验

一个电容 C_1 与电阻 R_1 串联形成一个高通滤波器，如图 10-6 所示。低频截止频率 f_L 由以下方程给出：

$$2\pi f_L = 1/R_1 C_1$$

其中，f_L 单位为 Hz，这是增益下降了 -3 dB 的频率值。该点处电容的阻抗与电阻的阻值相同：

$$R_1 = 1/(2\pi f_L C_1) = X_C$$

NI ELVIS 原型实验板上的接线图如图 10-6 所示,电路原理图如图 10-7 所示。

图 10-6 高通滤波器接线示意图

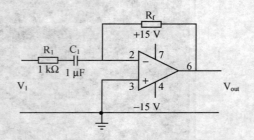

图 10-7 高通滤波器接线原理图

实验结果如图 10-8 所示。

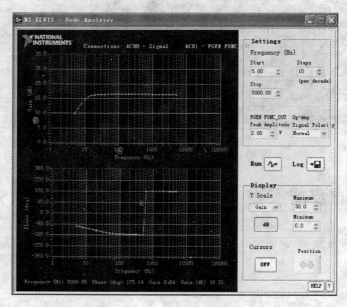

图 10-8 高通滤波器波特图

利用光标函数找出低频截止频率点,即幅值下降了 -3 dB 处的频率或相位等于 $45°$ 处频率。

10.8 低通滤波器实验

在 OP Amp 电路中,高频平坦是因为 741 集成电路的内部电容与反馈电阻 R_f 并联。如果增加一个外部电容 C_f 与反馈电阻 R_f 并联,就可以把高频截止频率点降到 f_U。新的截止点可由下面方程得到:

$$2\pi f_U = 1/R_f C_f$$

将图 10-7 的输入电容短路,增加一个反馈电容 C_f 与 100 kΩ 反馈电阻并联,得到如图 10-9 所示的低通滤波器原理图。

使用相同的参数运行得到第 3 个波特图,如图 10-10 所示。

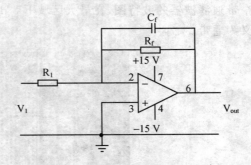

图 10-9 低通滤波器原理图

与基本 OPAmp 相比,通过低通滤波器后的高频响应被削弱了。利用光标函数找出高频截止点;即幅值下降了 -3 dB 处的频率或相位变化 $45°$ 处的频率。该截止频率与理论预期值 $2\pi f_U = 1/R_f C_f$ 接近程度如何?

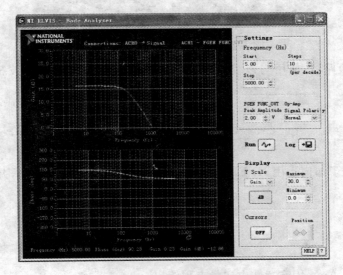

图 10-10 低通滤波器的波特图

10.9 带通滤波器实验

如果 OP Amp 电路中既有输入电容又有反馈电容,那么响应曲线既有低频截止频率 f_L,又有高频截止频率 f_U。频率范围($f_U - f_L$)称为带宽。

NI ELVIS 原型实验板上的一个带通滤波器接线示意图如图 10-11 所示。图 10-12 是一个带通滤波器的波特图,在最大区域下 3 dB 处画一条线,包括这条线以上所有频率的范围定义为通带。

图 10-11 带通滤波器接线示意图

去掉 C_1 上的短路线,使用与以前相同的扫描参数运行得到第 4 个波特图,如图 10-12 所示。

亮　点

本章主要介绍了如何运用 NI ELVIS 试验平台搭建滤波器模拟电路,并使用波特图分析仪观察输出特性。

思考题

1. 通常的 OP Amp 传输特性由向量方程给出:
$$V_{out} = -(Z_f/Z_1)V_{in}$$
使用 DMM 测量输出电压。回顾第 9 章实验中阻抗分析仪的使用方法,对任何频率,使用

Op Amp 滤波器实验

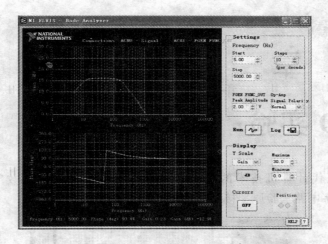

图 10-12　一个带通滤波器的波特图

阻抗分析仪来测量阻抗 Z_f 和 Z_1、幅值比 $|Z_f/Z_1|$ 就是增益。验证计算值与测量值是否一致。

2. 使用阻抗分析仪来查找 R_1 与 X_{C1} 相等以及 R_f 与 X_{Cf} 相等处的频率，验证波特图低频和高频截止频率点是否与上述频率值相等。

3. 除了低通、高通、带通电路，用户可以运用 LabVIEW 平台搭建感兴趣的其他模拟电路，试着用运算放大器搭建一个一阶电路，原理图如图 10-13 所示。

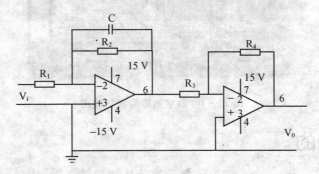

图 10-13　电路原理图

其传递函数为：

$$G(s) = \frac{V_o(s)}{V_i(s)} = \frac{R_4}{R_3}\frac{R_2}{R_1}\frac{1}{R_2Cs+1}$$

取 $R_1=R_2=R_3=R_4=R=1\text{ M}\Omega$，$C=1\text{ μF}$ 时，简化为：

$$G(s) = \frac{1}{RCs+1} = \frac{1}{s+1}$$

第11章

数字 I/O 实验

数字电路是现代计算机技术的核心和灵魂。能够设计和读懂数字电路,非常重要。图11-1为一个数字电路实验原型接线图。

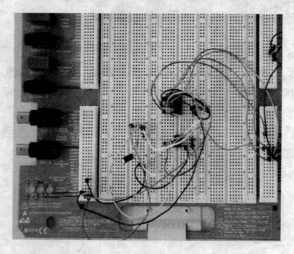

图 11-1 数字电路实验接线图

11.1 实验目的

该实验主要是利用 NI ELVIS 的数字工具来学习数字时钟、数字计数器及逻辑状态分析仪。

11.2 实验中用的软前置板

数字信号记录仪,数字信号监视仪,函数发生器(TTL 输出),示波器。

11.3 实验中用的元器件

10 kΩ　　　电阻 R_A(棕色,黑色,橙色);
100 kΩ　　电阻 R_B(棕色,黑色,黄色);
1 μF　　　电容 C;
555　　　　时钟发生器;
7493　　　4 位二进制计数器。

11.4 虚拟数字字节模式实验

NI ELVIS 原型实验板上有一排标记为 0～7 的 8 个绿色 LED 灯。它们可用作虚拟的数字逻辑状态指示灯(On=HI 和 Off=LO)。在这个实验中,分别把 LED 灯连接到 8 位标记为 <0～7> 的并行输出总线插孔。例如将 Write<0>端,即 Bit 0 连接到插孔 LED<0>。接地端 ELVIS 内部已连接,无需再接地线。

启动 NI ELVIS,选择数字记录仪(Digital Writer),如图 11-2 所示,它可以置位和复位 HI 或 LO 状态。

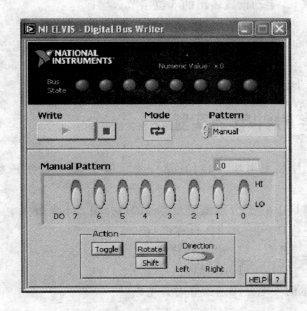

图 11-2　数字信号记录仪软前置板

手动模式框上数字输出从右往左依次标记为 0~7，可以通过点击虚拟开关的顶端和底端分别进行置位或复位。这 8 个位组成了一个字节，可以分别以二进制、十六进制和十进制形式在面板上读出。例如：二进制数 00010100，以十进制读出即为 20，十六进制读出为 14，如图 11-3 所示。

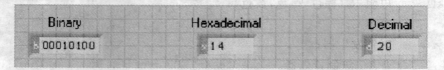

图 11-3 数字信号记录仪数字格式

通过单击灰色的部分，可以在指示器上设置进制。

一旦数字模式设计好后，单击 Write（绿色箭头）按钮将数据输出到 LED（0~7）的并行端，数据状态就可以依次在绿色的 LED 灯上显示出来。

可设置 Mode 为单模式和连续输出模式，连续时该模式可以不断改变，按下 STOP 键（红色）停止更新端口。

在输出数据时，通常可以设置多种输出模式，单击 SFP 上的 Pattern 按钮可以看到有下面模式可选：

Manual（手动模式）　　手动设置输出的 8 位字节数据；
Ramp(0~255)　　从 0~255 依次加 1 输出数据；
Alternating 1/O's　　交替输出（即 10101010 与 01010101 交替输出）；
Walking 1's　　左移位依次输出（即从 00000001,00000010,00000100…依次输出）。

设置完成之后关闭数字信号记录仪（Digital Writer）。

11.5 555 数字时钟电路实验

一个 555 时钟芯片加上电阻 R_A，R_B 及一个电容 C 就可以组成数字时钟发生器，如图 11-4 所示。

使用 DMM[Ω] 和 DMM[C] 分别测量元器件的值并填入下例表格中：

R_A _____ Ω　　（10 kΩ 标称值）；
R_B _____ Ω　　（100 kΩ 标称值）；
C _____ Ω　　（1 μF 标称值）

按照图 11-5 所示的主电路图连接好时钟电路。

数字 I/O 实验 11

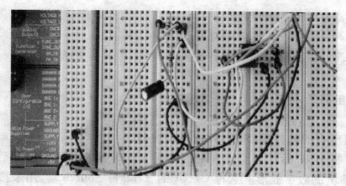

图 11-4 数字时钟电路接线示意图

电源（+5 V）分别和引脚 8 和引脚 4 相连，电源的地端接引脚 1。R_A、R_B、C 分别接在电源和引脚 7、引脚 7 与引脚 6、引脚 2 与地之间。555 电路的输出端即引脚 3 连接到原型实验板的并行端。

打开 NI ELVIS 设备启动界面，选择数字监视仪，并给 NI ELVIS 原型实验板上电源通电，得到图 11-6 所示的数字信号监控仪软前置板。

如果时钟电路运行正确，那么可以看到最右端的指示灯在闪烁。如果没有闪烁，可用 DMM[V] 检查 555 电路的引脚电压。在时钟电路运行时，可以得到一些有用的电路测量值。

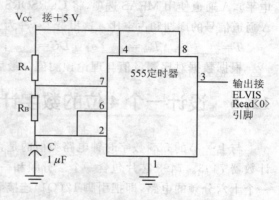

图 11-5 数字时钟电路接线原理图

图 11-6 数字信号监控仪软前置板

555 定时振荡器电路的周期 T：
$$T = 0.695(R_A + 2R_B)C$$

555 电路振荡器的振荡频率与周期有关：
$$f = 1/T$$

555 定时振荡电路的占空比：
$$DC = (R_A + R_B)/(R_A + 2R_B)$$

完成之后关闭所有的前置板(SFP)并选择示波器。

把工作站前置板 BNC 示波器 CH A 端连接到 555 时钟芯片的引脚 3 后就可以在示波器的 A 通道上观察输出的数字波形。选择 CH A 的 Trigger Source 端，用来接收来自 A 通道的信号；选择 Trigger Type 为 Analog (SW)，用户可设定 Trigger slope(触发斜率)和 Level(信号电平)，A 通道使用 MEAS 选项，将 CURSORS CHA 按钮设为 ON，通过单击和移动鼠标以测量 A 通道信号的周期和占空比。这里选 Level 为 +1 V，观察示波器的显示，填写下表数据：

$T=$ _____ s；$T_{on}=$ _____ s；$DC=$ _____；$f=$ _____ Hz。

根据数据对比测量值与理论预测值。最后关闭所有的前置板(SFP)。

11.6 设计一个 4 位的数字计数器实验

与上一节的 555 数字时钟电路类似的是，该电路在原来的基础上加入一个 4 位的二进制计数器 7493。7493 芯片包含一个二分频和一个八分频计数器。通过这两个计数器可以设计一个十六分频的电路，即把引脚 12(Q1)连接到引脚 1(7493 内部的第 2 个时钟计数器)，接线原理图如图 11-7 所示。

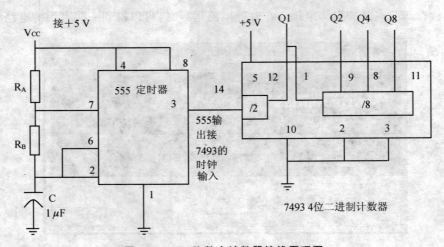

图 11-7　4 位数字计数器接线原理图

对于二进制计数芯片 7493 而言,引脚 5 接+5 V 的电源,引脚 10 接地。同时,也确认引脚 2 和引脚 3 都接地。分别按下列关系把 5 个输出分别接到 5 个绿色的 LED 灯。

引脚 12(Q1)　　　　接 LED<4>即 DI<4>
引脚　9(Q2)　　　　接 LED<5>即 DI<5>
引脚　8(Q4)　　　　接 LED<6>即 DI<6>
引脚 11(Q8)　　　　接 LED<7>即 DI<7>
555 时钟引脚 3　　　接 LED<0>即 DI<0>

将 555 数字电路输出引脚 3 接到 7493 内部时钟的输入引脚 14。给芯片通电,同时观察在 LED 灯显示的二进制计数。打开 ELVIS 启动界面,选择 Digital Reader,在电脑上观察电路的二进制状态,同时观察 LED 灯状态。

也可以通过示波器观察定时计数器各个分频情况,将 555 定时器端口 3,以及 7439 内部时钟的 Q1,Q2,Q4,Q8 分别接 CHB。如图 11-8 至图 11-12 所示。设计完成之后关闭 NI ELVIS。

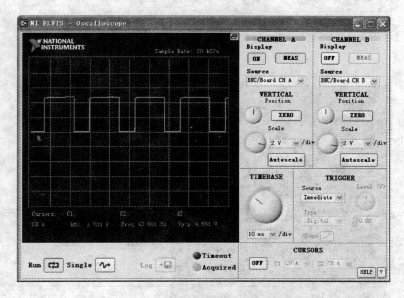

图 11-8　定时器输出(端口 3)信号

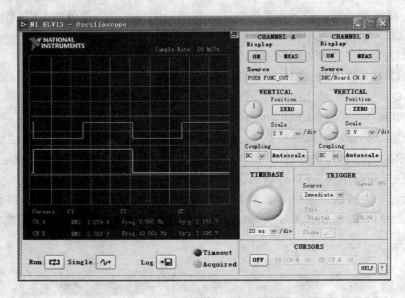

图 11-9　Q1 输出（二分频）

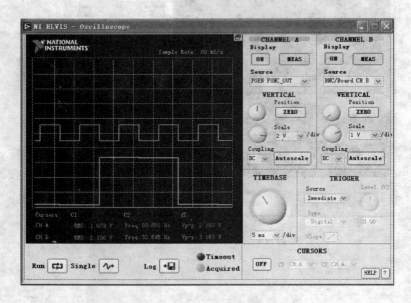

图 11-10　Q2 输出（四分频）

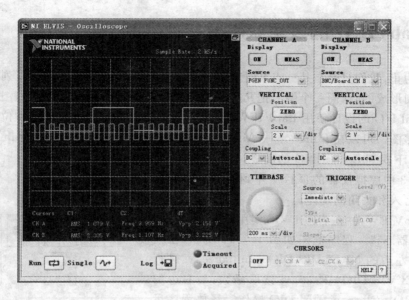

图 11-11　Q4 输出(八分频)

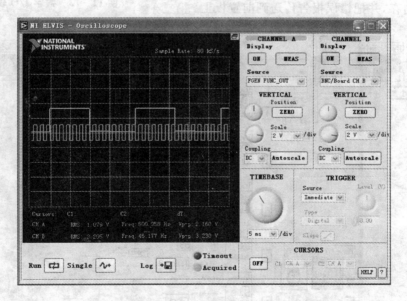

图 11-12　Q8 输出(十六分频)

11.7 LabVIEW 的逻辑状态分析仪实验

到目前为止，我们只是在某一点某时观察数字输出。时序图是通过把一系列即时采样的连续序列排列形成的、在同一个图上把几个序列排列起来就形成了一个数字时序图。

对 Digital I/O 的设计使用 LabVIEW 的 API，我们可以构建一个简单的 4 位逻辑状态分析仪显示时序图。可以在 Functions→All Functions→Instruments I/O→Instruments Drivers →NI ELVIS 下找到 Digital I/O 的面板，如图 11-13 所示。

图 11-13 中虚拟仪器的顶行从左到右分别实现初始化、读取、写入和关闭的功能。

启动 LabVIEW，并在 NI ELVIS 实用帮手库中选择"二进制计数器.vi"。程序框图如图 11-14 所示，在框图面板上，最左边的 NI ELVIS DIO—Initialize.vi 进行初始化；NI ELVIS DIO—Read.vi 读取函数；最右边的 NI ELVIS DIO—Close.vi 关闭 DIO 操作。释放程序运行时的所有内存，并把错误报告传送到前置板上。

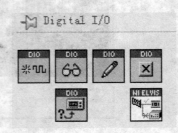

图 11-13 数字 I/O 软前置板

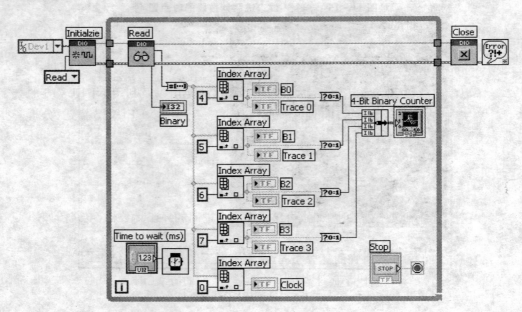

图 11-14 逻辑分析仪程序框图

实验中 4 位逻辑状态分析仪对 NI ELVIS 的并行端口采样(NI ELVIS DIO-Read.vi)，并将位数用数值形式表示出来(蓝线)。LabVIEW 接下来把数值转化为 8 位的布尔量序列(粗的绿线)。端口的第 4 位(Q1)对应于数组的第 5 位(指标 Index 4)。提取某一特定的位,比如把 Q1 发到 Trace 0,然后再到图表上。每一个布尔量的位被转化回数值(即 0 或 1),然后与其它的轨迹线相连接,画出 Q1,Q2,Q3 和 Q4 的时序图。LabVIEW 丰富的图表类型允许数据以用户期望的时序图类型表示出来,试验结果如图 11-15 所示。

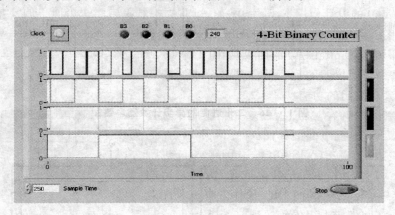

图 11-15　一个 4 位二进制计数器的时序图

亮　点

本章主要学习软数字信号记录仪、数字信号监视仪的使用以及利用 NI ELVIS 的数字工具来设计数字时钟、数字计数器及逻辑状态分析仪,并学习利用 NI ELVIS 搭建、分析一些数字电路。

思考题

1. 利用两个 74LS90(十进制计数器)构建一个二十进制的异步计数器,电路图如图 11-16 所示。

时钟电路与图 11-6 的时钟的部分相同,观察其时序图,记录试验结果。

2. 利用两个 74LS90(十进制计数器)构建一个一百进制的异步计数器,电路图如图 10-17 所示。

观察其时序图,记录试验结果。

3. 利用两个 74LS90(十进制计数器)构建一个六十四进制的异步计数器,试着自己设计搭建电路,并记录试验结果。

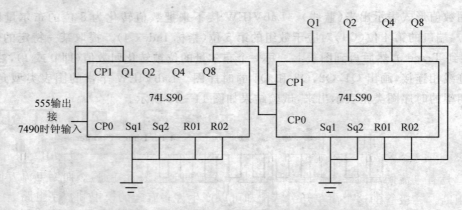

图 11-16 二十进制的异步计数器电路图

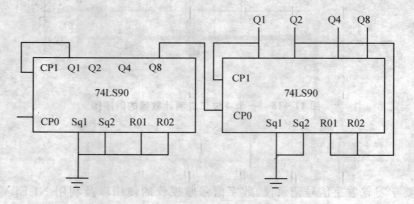

图 11-17 一百进制的异步计数器电路图

第12章

救援用 LED 灯实验

二极管具有电流的单向导电特性,即电流是一个方向时二极管导通,然而当电流方向相反时二极管阻断。二极管的这个简单开关特性却可以产生许多有趣的模拟和数字电路。一个交通灯控制示意图如图 12-1 所示。

图 12-1　交通灯控制示意图

12.1　实验目的

该实验主要是利用 NI ELVIS 来说明二极管的特性、二极管的测试方法等。

12.2　实验中用的前软置板

数字万用表 DMM[▶|—],两线电流-电压分析仪,数字信号记录仪。

12.3 实验中用的元器件

1个硅二极管和6个发光二极管(2个红色,2个黄色,2个绿色)。

12.4 测试二极管并确定其极性实验

半导体二极管是一种极性元器件,有标记的一端称为阴极,而另一端称为阳极。在封装二极管时有许多方法来指明其极性,例如在其阳极上加上正向电压将会产生电压降,而且电流会导通;也可以用 NI ELVIS 来判断二极管的极性。

启动 NI ELVIS,选择 DMM。单击 ▶— 按钮。

把一个 LED 灯分别接到工作站前置板 DMM[A]的 HI 和 LO 端。当二极管不导通电流时,发光二极管(LED)不发光;当二极管允许电流流通时,LED 灯将会发光,而且指示器上会读出电压值。

用户可以用这个简单的测试方法测试二极管的极性。对于一个硅整流二极管,当二极管处在正向压降时,指示器上会显示出一个略小于 3.5 V 的电压值。

12.5 二极管的特性曲线实验

二极管的特性曲线能很好地说明二极管的电压和电流属性。将一个硅二极管放置在工作站操作前置板上,连接 DMM[A]的两端到二极管,确定阳极接到了黑表笔的输入端。

启动 NI ELVIS,并选择二线电流-电压分析仪。一个新的 SFP 面板将会弹出来,它将显示出在测试中器件的电流-电压曲线。

对一个硅二极管设置以下参数:

Start -2.0 V
Stop $+2.0$ V
Increment 0.1 V

注意到在任一个方向通过的最大电流,以免二极管被烧坏。单击 Run 按钮就可以看到有电流-电压曲线出现,如图 12-2 所示。

当电流正向导通,且电压超过一个临界值时,电流呈指数上升,直到最大极限值;电流反向流过时,通过的电流非常小(毫安级),呈负极性。可以试着单击 Display 按钮[线性坐标和对数坐标切换]看到在另一个不同尺度上的曲线。试着用 Cursor 操作,当用户沿着轨迹拖动光标时,就会给出相应的坐标值。

临界电压值与二极管半导体材料有关。对于硅二极管,这个临界值大概是 0.6 V,而对于

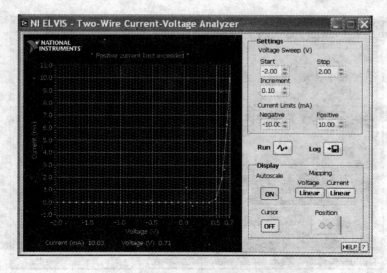

图 12-2　二极管的电流-电压特性

锗二极管这个电压值是 0.3 V。一个估计临界电压值的方法是在电流接近最大值时,找到一条合适的切线,与切线电压坐标轴相交那点对应的电压值就是临界值。

使用二线电流-电压分析仪分别测量红色、绿色和黄色的 LED 灯的电压临界值,在下表中填入测量值:

红色的二极管＿＿＿V;黄色的二极管＿＿＿V;绿色的二极管＿＿＿V

根据以上测量值,分析临界值的变化趋势。

试验结果如图 12-3 至图 12-5 所示。

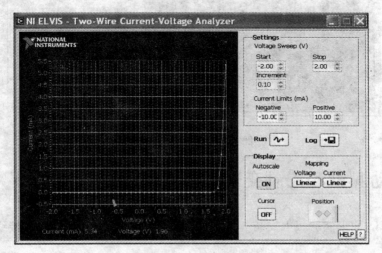

图 12-3　红光二极管

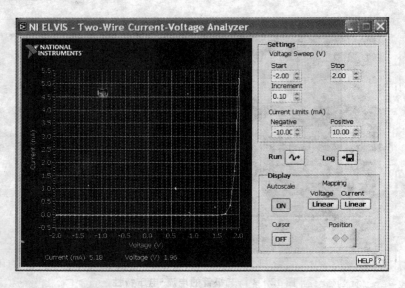

图 12-4　绿光二极管

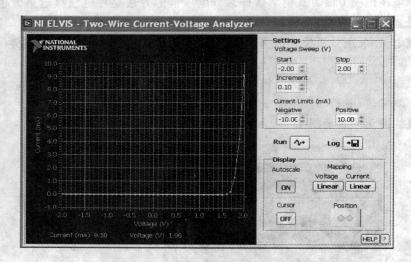

图 12-5　黄光二极管

12.6　手动测试和控制交通灯实验

在 NI ELVIS 原形实验板上安装 6 个 LED 灯，用来模拟十字路口路灯，接线图如图 12-6 所示。

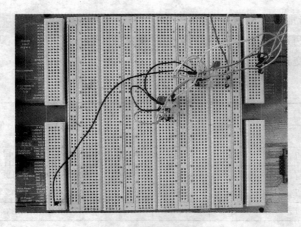

图 12-6 交通灯控制接线图

LED 灯由 NI ELVIS 的 8 位并行总线控制。输出针形插孔分别标记为 Write<0~7>，把针形插座 Write<0>连接到红色 LED 灯的阳极，操作面板上的 LED 灯的另一端接到数字地，其他彩色 LED 灯按上面方式依次接好。

下面是南北、东西方向的接线方法：

Write<0>　Red　　　　南北方向　　Write<4>　Red　　　东西方向
Write<1>　Yellow　　 南北方向　　Write<5>　Yellow　　东西方向
Write<2>　Green　　 南北方向　　Write<6>　Green　　 东西方向

启动 NI ELVIS，选择 Digital Writer。

使用垂直的滑动开关，可以选择任意的 8 位数字类型，并把它输出到 NI ELVIS 的数字线上，把 Pattern 设置为 Manual 模式，Mode 设置为 Continuous（连续），如图 12-7 所示。Bit 0 是连到原型实验板上针型插座的 Write<0>。

单击 Write 下边的按钮，激活各个端口。当开关（0~2 位和 4~6 位）均为高电平 HI 时，所有的 LED 灯都应该是亮的；而这些开关处于低电平 LO 状态时，所有的 LED 灯应该是灭的。

现在可以使用这些开关设置八进制代码来控制十字路口交通灯的各个周期。

这里交通灯控制是基于一个 60 s 的运行周期，其中红灯亮 30 s，然后是绿灯亮 25 s，再接下来是亮 5 s 的黄灯。对于两个通道的灯，比如说南北方向

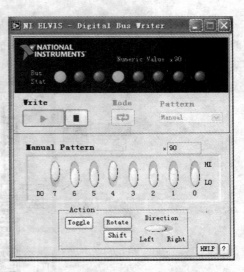

图 12-7 交通灯数字信号记录界面

的黄灯亮时,东西方向则是红灯亮。这30 s的周期则正好是南北方向5 s的黄灯和25 s的绿灯的周期之和。对于两通道的十字路口,4个时间周期记为T_1,T_2,T_3,T_4。分析表12-1,看看两通道十字路口的交通灯是怎样工作的。

表12-1 交通灯控制代码表

交通灯		红黄绿	红黄绿	8位代码	数 值
方 向		南北向	东西向		
T_1	25 s	001	100	00010100	20
T_2	5 s	010	100	00010010	18
T_3	25 s	100	001	01000001	65
T_4	5 s	100	010	00100001	33

使用Digital Writer计算出4个时间周期内发送到数字端口控制交通灯亮暗的8位代码。例如,时序周期1(T_1)需要的8位代码为00101000。电脑以逆顺序读出,则上面的代码就变成了00010100。使用NI ELVIS Digital Bus Writer的输出转换开关可以任意改变数值类型,可以是二进制数(00010100),可以是十进制数(20),也可以是十六进制数(14)。在灰色背景中单击白色的X来改变其进制。可以利用这些代码来确定其他的时间周期T_2,T_3,T_4。如果把每一个周期序列八位代码依次输入,就可以手动控制交通灯的亮灭了。

12.7 交通灯的自动运行实验

关闭NI ELVIS,打开LabVIEW,并从NI ELVIS实用帮手库调出"交通灯控制.vi"。在程序前置板上有一个布尔控制量,这个布尔开关用来控制交通灯的关闭。打开程序功能图(Windows→Show Block Diagram),如图12-8所示。

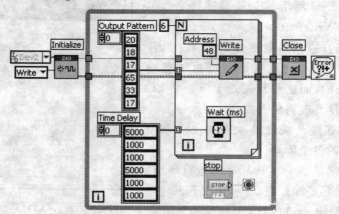

图12-8 交通灯自动控制程序框图

计数器的时间周期都被存储在延时模块的 4 个元素中。为了加快操作过程,可以把 25 s 的时间周期缩短为 5 s,而 5 s 的时间周期缩短为 1 s。

亮　点

本章主要是利用 NI ELVIS 来说明二极管的特性、二极管的测试方法,并利用 NI ELVIS 硬件平台模拟现实生活中的交通灯系统,让学生充分领略数字电路世界的无穷趣味。

思考题

1. 改变程序中延时序列,改变红绿灯的持续时间。
2. 根据交通电路原理,计算交通灯控制字节,改变灯亮次序。
3. 根据本章内容,模拟现实生活中的霓虹彩灯,控制彩灯闪烁时间及顺序。

第13章

自由空间光通信实验

大家对用一些遥控开关来控制家庭里的电视、立体音响和 DVD 都很熟悉,它们是怎样工作的呢? 秘密就在于红外线光学数据传输器,它是一种自由空间里光通信传输器。一种发射器与接收器电路如图 13-1 所示。

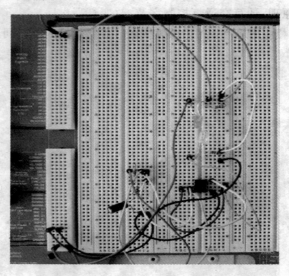

图 13-1 一种发射器与接收器电路示意图

13.1 实验目的

该实验是用一个红外线光源通过自由空间传送信息给光电晶体管探测器。典型的调制方式如调幅(模拟调制)和非归零(NRZ)数字调制等。

13.2 实验中用的软前置板

两线电流-电压波形分析仪、三线电流-电压波形分析仪、信号发生器、示波器和数字信号记录仪。

13.3 实验用到的元器件

220 Ω 电阻（红色，红色，棕色）；
470 Ω 电阻（黄色，紫罗兰色，棕色）；
1 kΩ 电阻（棕色，黑色，红色）；
0.01 μF 电容器；
红外线发射器（LED）；
红外线探测器（光敏晶体管）；
2N3904 NPN 晶体管；
555 定时器芯片。

13.4 光敏晶体管探测器实验

先观察晶体管的特性曲线，再了解一个光敏晶体管是如何工作的。

晶体管是电流控制电流的放大器。将 1 个 2N3904 晶体管插入到 NI ELVIS 原型实验板 3 线的针孔里，如图 13-2 所示。

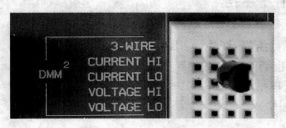

图 13-2　1 个 2N3904 晶体管外型图

启动 NI ELVIS 仪器，并选择 Three-Wire Current-Voltage Analyzer（三线电流-电压分析仪），接通原型实验板电源，设置基极电流和集电极电压并单击 Run 按钮，如图 13-3 所示。

图 13-3 显示了不同基极电流值所对应的集电极电流以及相应的集电极电压值。当运行时，软前置板的输出依次是设置的基极电流、集电极电压，然后输出的是所测的集电极电流。

对每个不同的基极电流有一簇(I,V)曲线,看出对给定一个集电极电压,那么集电极电流会随着基极电流的增加而增加。

光敏晶体管没有基极引线,取而代之的是用光照射到晶体管来产生基极电流,基极电流值与光的强度成比例。例如,无光照射的晶体管就产生底部的(黄色)曲线;有弱光的它就产生中部的(红色)曲线;有更强一点的光就产生上部的(绿色)曲线。用一个电源、一个限流电阻和一个光敏晶体管建立一个光探测器,如图13-4所示。

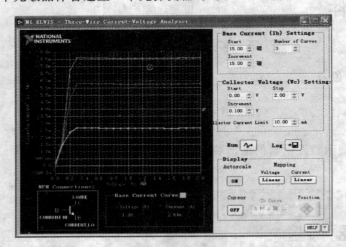 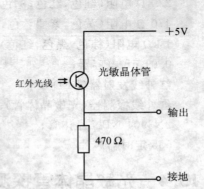

图13-3　1个晶体管特性曲线的三线电流-电压分析仪软前置板　　图13-4　光敏晶体管接线示意图

之后关闭所有软前置板SFP。

13.5　红外线光源实验

光发射器由两个元件组成:红外线(IR)发光二极管和限流电阻器。连接红外线发光二极管(IR LED)到数字万用表(DMM)的电流输入端,确定黑色表笔接LED的正极,选择二线电流-电压分析仪,设置电压扫描参数:

开始　　　　　0.0 V
停止　　　　　2.0 V
增量　　　　　0.05 V

然后按Run按钮,得到红外线二极管的电流-电压曲线,如图13-5所示。

在原型实验板上构建LED发射器电路和光敏晶体管电路,如图13-6所示。

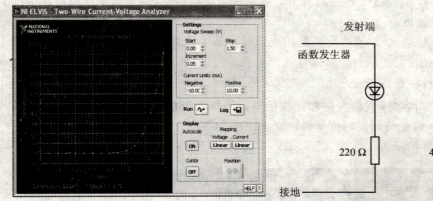
图 13-5 光电二极管电流-电压特性

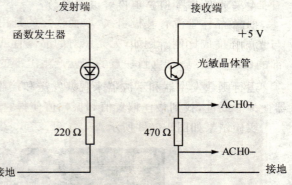
图 13-6 光发射和接收电路接线原理图

红外线发射器 LED 的电源接到函数发生器的输出端,光敏晶体管的输出接到 ACH(0)插孔。电路接线图如图 13-7 所示。

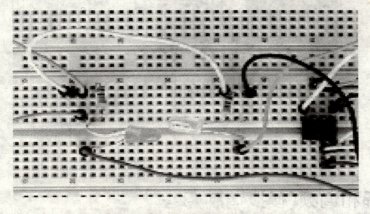
图 13-7 光电器件接线示意图

结束之后关闭所有软前置板。

13.6 自由空间红外线光链接(模拟)实验

启动 NI ELVIS 仪器,选择函数发生器(Function Generator)和示波器(Oscilloscope)。函数发生器给发射器提供模拟信号,示波器显示输入信号 CH A(选择 FUNC_OUT)和输出信号 CH B(选择 ACH0)。

为了传输模拟信号到 LED,必须使 LED 电压值大于临界电压值。在函数发生器虚拟控制面板上设置偏移电压为+1.5 V。

在函数发生器 SFP 里设置以下参数：

振幅　　　　　0.5 V
波形　　　　　正弦波
频率　　　　　1 kHz

运行函数发生器和示波器来观察发送和接收信号。当接收到的正弦波开始扭曲时,发射器变为非线性,找到最佳偏置值和振幅值使得它变为线性(不失真)传输器。

实验结果如图 13-8 所示。

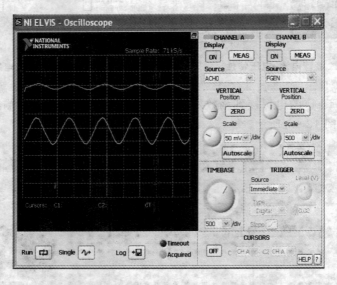

图 13-8　光发射和接收电路图

13.7　调幅和调频(模拟调制)实验

将模拟输出端口 DAC0 和 DAC1 分别接到 NI ELVIS 原型实验板的函数发生器调幅[AM IN]和调频[FM IN]的引脚上。启动 LabVIEW,从 NI ELVIS 实用帮手库中选择"调制.vi",这个程序从 NI ELVIS DAC 输出口发送 DC 信号给函数发生器来产生调幅或调频信号。这个调制信号转变为光脉冲信号发送到自由空间链路,然后通过光敏晶体管探测到,再将它转变为电信号。

之后关闭所有前置板和 LabVIEW。

亮 点

日常生活中使用的红外线(IR)遥控器采用特殊的编码方式叫非归零(NRZ)编码。高 HI 标志为一串 40 kHz 方波的音频脉冲,而低 LO 标志为无任何信号。

为了演示这个调制方式,试验中采用的是 1.0 kHz 音频脉冲以便能在示波器里更容易看到。音频脉冲信号是由图 13-9 所示的 555 定时器模拟产生。数字开关接到引脚 4[RESET]。

用 1 个 555 定时器芯片和下面的元件构建一个振荡器:

R_A　　1.0 kΩ
R_B　　10.0 kΩ
C　　0.1 μF

555 定时器芯片 4 引脚接到 NI ELVIS 原型实验板 Write<0>输出端口,定时器输出引脚 3 作为 IR LED 发射器电源,探测器电路的输出接到 ACH0 的引脚,555 定时器芯片 1 引脚接地。

启动 NI ELVIS,选择 Oscilloscope 和 Digital Writer。

在实验时,当设置数字记录器的 0 位(Write<0>)为 HI 高电平时,示波器将显示 1.0 kHz 的脉冲信号;当 0 位为 LO 低电平时就无信号显示。

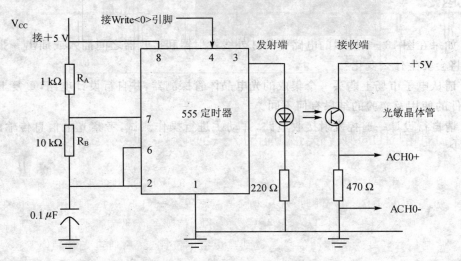

图 13-9　光电器件应用原理接线图

图 13-10　光电器件应用接线示意图

思考题

1. 如果在图 13-7 所示的电路中的红外线发射器和接收器之间插入或插出一张白纸,实验结果将会发生什么变化?

2. 请从电子市场上购买一个集成的光电晶体管探测器,并自行设计电路,重复上述实验,比较器件的使用及实验的结果有何不同。

3. 请自行设计一遥控发射接收电路,并动手进行操作测试,考察光电信息传输的最远距离是多少。

第 14 章

机械运动实验

将电能转变为现实世界中动能,以实现对电机系统的自动控制。图 14-1 和图 14-2 是自制直流小电动机控制接线示意图。

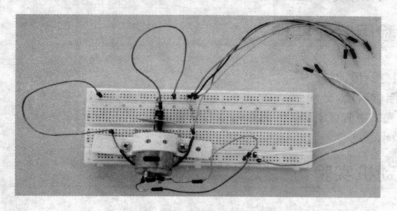

图 14-1 自制直流小电机测控线路图

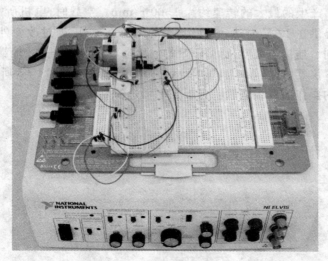

图 14-2 简易直流小电动机控制接线示意图

14.1 实验目的

在本实验中，NI ELVIS 可调电源提供的功率可用来运行和控制小直流电机的速度。使用改进的自由空间红外线传输器可以构建一个转速计来测试电机的速度。电机和转速计及 LabVIEW 程序就组成了一个计算机自动控制系统。

14.2 实验用的软前置板

可调电源 VPS，示波器 OSC，LabVIEW。

14.3 实验用的元器件

1 kΩ 电阻（棕，黑，红）；
10 kΩ 电阻（棕，黑，橙）；
红外线发光二极管（IR LED）/光敏晶体管模块；
直流（DC）小电机。

14.4 电动机实验

读者可以花几块钱在许多电子供应商或杂货店里买个小直流电机。这些电机需要 0～12 V 的电压源，12 V 产生的最大的转速约为 1500 r/min。空载时，电机所需电流约 300 mA。NI ELVIS VPS 能提供在 12 V 时达到 500 mA 的电流。此外，通过改变外加电压的极性，可以改变电机旋转方向。连接直流电机到 VPS 的输出端口（Supply+）及地端。

运行 NI ELVIS 仪器，选择 Variable Power Supply，得到如图 14-3 所示的界面。

可以从工作站的操作前置板或软前置板控制用户的电机。

图 14-3 可调电源软前置板图

14.5 转速计实验

用一个红外线发光二极管(IR LED)和光敏晶体管或一个集成的发光二极管(LED)就可以组成一个简单的运动传感器,电路图如图 14-4 所示。其内部的 LED 被用作光源,1 kΩ 的电阻与 LED 串联用来限流;在光敏晶体管发射极和地之间接上 10 kΩ 电阻,10 kΩ 电阻两端分别接到 ACH4+ 和 ACH4- 引脚。

启动 NI ELVIS,选择 Oscilloscope,选择设置如图 14-5 所示。

注意:ACH4 输入接到原型实验板上的 BNC/Board CH B。

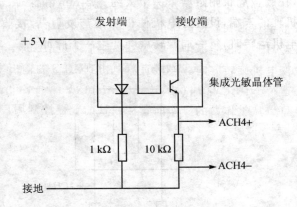

图 14-4 光电器件原理接线图

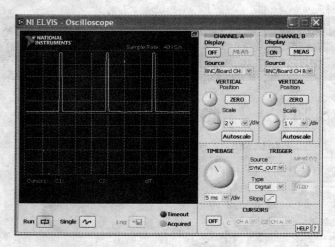

图 14-5　电机转速测量

给原型实验板通电,并运行示波器的软前置板。用户将会看到示波器轨线的变化(高—低—高)。电机转速脉冲输出如图 14-5 所示。

14.6　旋转运动系统实验

旋转运动演示系统是由可调电源控制的直流电机和红外线运动传感器组成的。为了完善转速计,需要将一张直径约为 3 cm 的圆板装在电机的轴上。从一张薄纸板或塑胶剪下一个圆板,在圆板周长附近剪下一个大约宽 2 mm 和深 1 cm 的狭槽,在中点钻个小孔,将圆板粘帖在电机轴的末端,设置好电机使得狭槽与发射器/接收器的光束在一条线上,如图 14-6 所示。当电机运转时,每一周旋转就会产生一个脉冲。

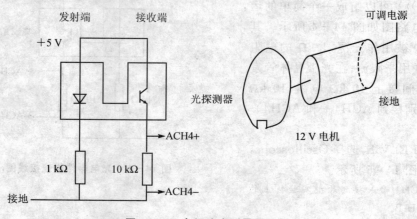

图 14-6　电机速度测量原理图

14.7 每分钟转数(RPM)的 LabVIEW 测量实验

LabVIEW 有几个 VI 能够在 Functions→Waveform→Waveform Measurements 选项板找到。它们可以很方便地测试连续波形的时间周期,Pulse Measurements.vi 可以测试脉冲持续时间或波形的周期,如图 14-7 所示。

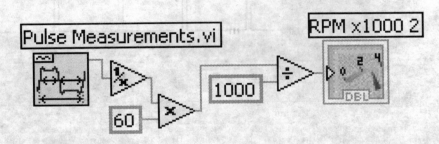

图 14-7 电机测速程序框图

将周期转换为频率,测量的周期可以被转换为每秒钟的转数,乘以 60 就可以得到每分钟的转数(RPM)。为了缩放比例,我们将 RPM 除于 1000,记为 kRPM。

启动 LabVIEW,并从 NI ELVIS 帮手库里打开"电机测速.vi",如图 14-8 所示。

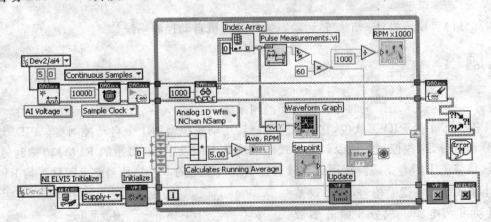

图 14-8 电机转速测量程序框图

DAQ VIs 被用来采样转速计的信号和给 Pulse Measurements.vi 提供输入信号。RPM 信号被传送到前置板并以 kRPM 为单位显示出来。RPM 信号被送到 5 位移位寄存器中,求平均值即为测量的电机转速值,电机的设定速度用软前置板(如图 14-9 所示)的上面标着 Setpoint 旋钮手动控制。快速改变 RPM 的 Setpoint 设定值,观察电机响应有什么变化?

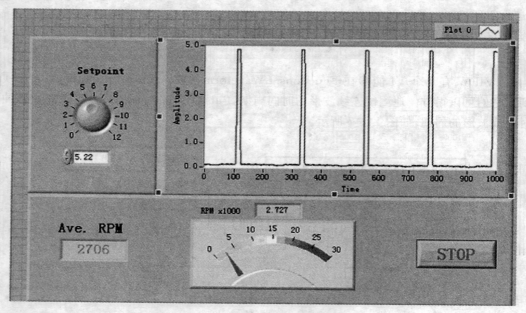

图 14-9 电机转速测量前置板

亮 点

本部分内容用于设计一个旋转运动系统的计算机自动控制系统。

思考题

设计一个旋转运动系统的计算机自动控制系统。

NI 提供了 1 个 PID 工具包,它可以为该旋转运动系统增加 1 个自动控制器。PID 代表比例、积分和微分,这些控制算法以最优方式使系统从 1 个设定值(初始的 RPM)转移到另一个给定值(最终的 RPM)。该算法通过比较目标 RPM(设定的 RPM)和当前 RPM(平均 RPM 信号)产生了 1 个 DC 误差信号,这个误差信号驱动可调电源。积分和微分参数用来调整可调电源电压使它从 1 个测量点平稳地过渡到下一个点,如图 14-10 所示的是 1 个 PID 软模块。

一个 VI(PID Autotuning. vi)可被用来自动设置这个 PID 的参数,并对电

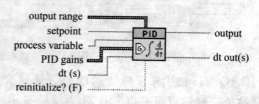

图 14-10 PID 控制软函数

机进行闭环控制。然后用户可以针对具体的系统微调这些参数。从 NI ELVIS 实用帮手库中选择"电机测速－PID.vi",程序框图及前置板如图14-11及图 14-12 所示。

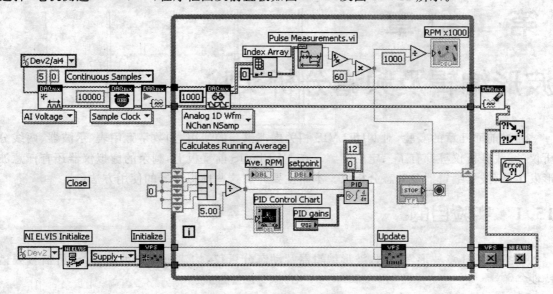

图 14-11　电机转速 PID 控制程序框图

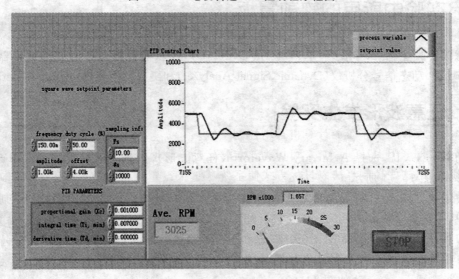

图 14-12　电机转速闭环控制响应曲线

改变控制器 PID 参数,考察对系统响应的影响。

第 15 章

波形编辑及频谱分析实验

通过前面几章的实验,对 NI ELVIS 相关虚拟仪器的使用,如数字万用表、示波器、两线分析仪、三线分析仪等都有了一定的了解。在 NI ELVIS 前置板上,剩余的虚拟仪器还有任意波形发生器、波形编辑器及动态分析仪。本章主要介绍这些虚拟仪器的使用方法。

15.1 实验目的

熟悉使用任意波形发生器、波形编辑器及动态分析仪,构建所需各种信号,分析信号频谱特性。

15.2 实验中所用的软前置板

任意波形发生器(Arbitrary Waveform Generator)及软前置板包含的波形编辑器(Waveform Editor)、动态信号分析仪(Dynamic Signal Analyzer)和函数发生器(Function Generator)。

15.3 任意波形发生实验

启动 NI ELVIS,选择 Arbitrary Waveform(任意波形),任意波形发生器可用于产生各种控制波形,如图 15-1 所示。

软前置板 SFP 可选择 DAC0 和 DAC1 作为输出信号端口。点击浏览图标打开波形名称文件夹,从中选择 1VSine1000.wdt 文件。当单击 DAC0 的 Play(运行)按钮时,振幅为 1.0 V 的 1000 Hz 正弦波将输送到 DAC0 引脚上。连接示波器通道 A 的输入口到 DAC0 引脚,在示波器窗口可观察到该 1 kHz 的正弦波信号。

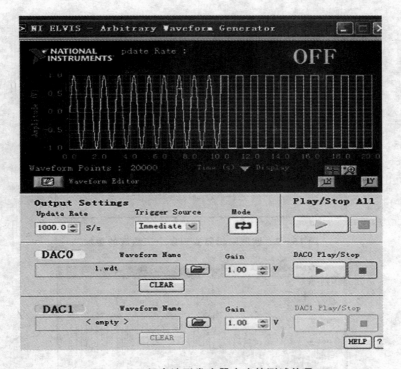

图 15-1 任意波形发生器产生的测试信号

15.4 波形编辑实验

点击任意波形发生器界面上的 Waveform Editor 按钮,可打开 Waveform Editor(波形编辑器)。通过波形编辑器,可以编辑我们需要的任何波形,如实现不同频率的正弦波的叠加、不同类型的波形叠加等。

1. 练习 1——产生多个信号叠加波形

从任意波形发生器界面上单击 Waveform editor 按钮。在打开的界面上单击 New component 按钮,选择波形为正弦波,持续时间为 10 s,单击 New component,设 Function 为+;选择不同频率的正弦波,实现不同频率的正弦波的幅度叠加,叠加后波形如图 15-2 所示。

2. 练习 2——产生分时信号的叠加波形

首先进入 Waveform editor 界面,单击 New component,选择波形为正弦波;单击 New Segment,设 Function 为+;选择方波,实现不同波形的分时叠加,叠加后波形如图 15-3 所示。

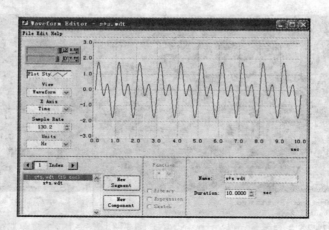

图 15-2　波形编辑器实现多个正弦波的叠加

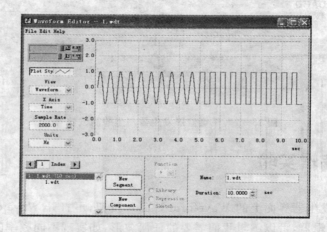

图 15-3　波形编辑器实现不同波形的分时叠加

波形编辑实验完成后,必须保存结果。

15.5　动态分析仪实验

动态分析仪是用来分析信号频谱的虚拟仪器,通过动态分析仪可以直接得到指定信号的频谱。信号的时域响应与其频谱互为傅里叶变换。

傅里叶变换:

$$f(t) = \frac{a_0}{2} + \sum_{n=1}^{\infty} a_n \cos n\Omega t + \sum_{n=1}^{\infty} b_n \sin n\Omega t = \frac{A_0}{2} + \sum_{n=1}^{\infty} A_n \cos(n\Omega t - \phi_n)$$

其中：$a_n = \dfrac{2}{T}\int_{-\frac{T}{2}}^{\frac{T}{2}} f(t)\cos n\Omega t \mathrm{d}t, b_n = \dfrac{2}{T}\int_{-\frac{T}{2}}^{\frac{T}{2}} f(t)\sin n\Omega t \mathrm{d}t, A_0 = a_0$

$$A_n = \sqrt{a_n^2 + b_n^2}, \varphi_n = \arctan \dfrac{b_n}{a_n}$$

对于奇函数而言，$a_n=0$，只含正弦项，而对于偶函数：$b_n=0$，只含常数和余弦项。周期信号的傅里叶变换为：$f(t) = \dfrac{1}{2}\sum_{n=-\infty}^{\infty} A_n \mathrm{e}^{jn\Omega t} = \sum_{n=-\infty}^{\infty} F_n \mathrm{e}^{jn\Omega t}$

其中：$F_n = \dfrac{1}{2}A_n = \dfrac{1}{2}A_n \mathrm{e}^{-j\varphi_n} = \dfrac{1}{2}(a_n - jb_n)$，$F_n$ 即为 $f(t)$ 的频谱。

首先从 NI ELVIS 仪器启动器中选择函数发生器 Function Generator 设置为 500 Hz 的正弦波。随后从 NI ELVIS 仪器启动器中选择动态信号分析仪（Dynamic Signal Analyzer），将频率范围设置为 3 000 Hz，Source Channel 接函数发生器（FCEN FUNC_OUT），分辨率设为 200，信号电压范围为 ±10 V，Mode 设为平均模式（RMS）。

运行动态分析仪得到正弦波的频谱。频谱如图 15-4 所示。

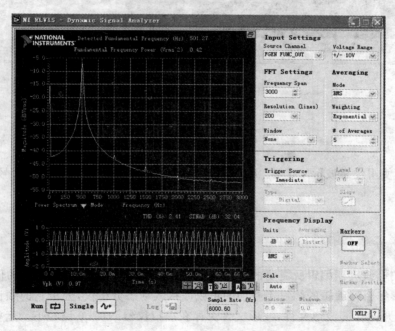

图 15-4 正弦波频谱分析图

将函数发生器设置为方波，方波频率为 500 Hz，幅值为 1 V。方波频谱为 $F_n = \dfrac{\tau}{T} Sa\left(\dfrac{n\Omega t}{2}\right)$，$n = \cdots -2, -1, 0, +1, +2, \cdots$ $\left(Sa(x) = \dfrac{\sin x}{x}\right)$。运行动态信号分析仪得到方波的频

谱,频谱如图15-5所示。

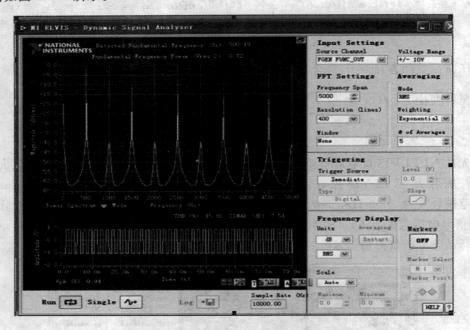

图 15-5　方波频谱分析图

亮　点

本章实验使用任意波形发生器、波形编辑器及动态分析仪构建所需各种信号,分析信号频谱特性。

思考题

1. 使用波形编辑器编辑所需要的任意波形,例如方波、斜波、正弦波信号的任意叠加。
2. 将波形编辑器编辑的练习1叠加的正弦波接入动态分析仪,分析它的频谱。在波形编辑器原面板打开保存的波形文件,波形文件保存在虚拟仪器 NI 2.0 路径下。运行动态分析仪得到叠加正弦波的频谱。结果如图15-6所示。
3. 改变信号的频率或幅值,观察频谱有什么变化。

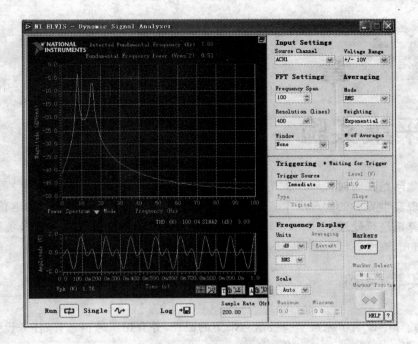

图 15-6 叠加正弦波的频谱分析图

第 16 章

数据采集实验

数据采集问题在实时控制中尤为重要。DAQ(Data Acquisition,数据采集)系统能捕获、测量和分析现实世界中的物理现象。DAQ 采集和测量传感器或变送器传送的电信号,并把它们输送给计算机进行处理。NI ELVIS 工作台可以使用 DAQ 系统采集和测量各种不同种类的信号,例如光、温度、压力和转矩等。

16.1 实验目的

本章实验详细说明了原型实验板信号采集的原理,并介绍了通道选择、任务设置等方面的内容,以帮助学生更好使用 NI 硬件平台。

16.2 实时 PID 控制实验

在原型实验板上搭建一阶惯性电路,运用《自动控制原理》课程中所学习的控制理论知识,设计自己的 PID 控制器,使得系统响应达到一定的性能指标。

被控过程原理图、原型实验板电路接线图如图 16-1、图 16-2 所示。

其传递函数为:

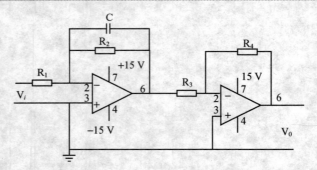

图 16-1 被控过程原理图

$$G(s) = \frac{V_o(s)}{V_i(s)} = \frac{R_4}{R_3} \frac{R_2}{R_1} \frac{1}{R_2 Cs + 1}$$

取 $R_1 = R_2 = R_3 = R_4 = R = 1 \text{ M}\Omega$,当 $C = 1 \mu F$ 时,上式简化为:

$$G(s) = \frac{1}{RCs + 1} = \frac{1}{s + 1} \tag{16.1}$$

本实验是要对一个一阶时滞过程 $\frac{1}{s+1} e^{-\tau s}$ 进行 PID 闭环控制,时滞部分是由软件实现的。

图 16-2　电路接线图

从 NI 实用帮手库调用"时滞闭环 PID 控制.vi"。

程序前置板设置如图 16-3 所示。其中左上角模块为仿真时间的设置,左下角依次为物理通道的选择及设置,仿真参数的设置。

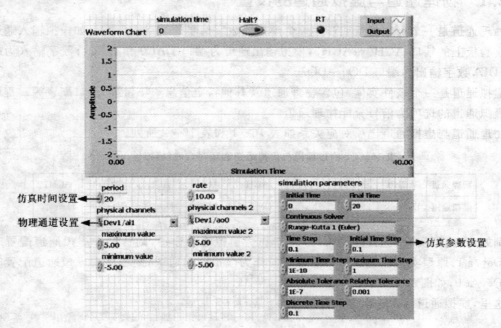

图 16-3　时滞闭环 PID 控制程序前置板框图

程序框图如图16-4所示。具体任务设置参见16.2.2小节。

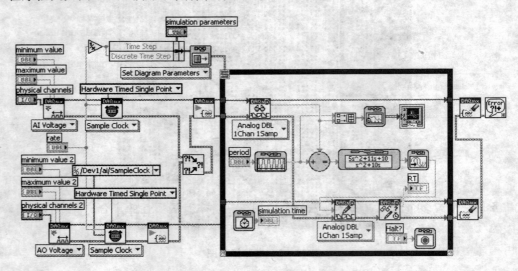

图16-4 时滞系统闭环PID控制程序框图

16.2.1 物理通道与虚拟通道的设置

物理通道是一个可以测量或产生一个模拟或数字信号的端口或引脚。如模拟输入通道为原型实验板上的端口ACH0～ACH5,模拟输出通道为端口DAC0和DAC1;数字输入为端口DI0～DI7,数字输出为端口DO0～DO7。

虚拟通道是一个软件实体,包含物理通道及其他特定信息——量程、端口配置等。程序中使用虚拟通道的选项为信号分配物理通道。

物理通道与虚拟通道选项对应关系如表16-1和表16-2所列。

表16-1 物理通道与虚拟通道选项对应表(模拟输入)

物理通道	ACH0	ACH1	ACH2	ACH3	ACH4	ACH5	ACH6	ACH7
虚拟通道	Dev/a_i0	Dev/a_i1	Dev/a_i2	Dev/a_i3	Dev/a_i4	Dev/a_i5	Dev/a_i6	Dev/a_i7

例如,在原型实验板上选择ACH1端口作为模拟输入通道,则程序中虚拟通道配置时应选择Dev/a_i1;原型实验板上选择DAC0端口作为模拟输出通道,则程序中虚拟通道配置时应选择Dev/a_o0,如图16-5示。

这里,虚拟通道输入输出电压范围设为5 V～-5 V。

表 16-2　物理通道与虚拟通道
选项对应表(模拟输出)

物理通道	DAC0	DAC1
虚拟通道	Dev/a_o0	Dev/a_o1

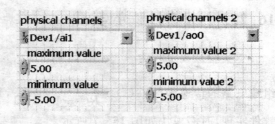

图 16-5　虚拟通道的配置

16.2.2　任务的创建与配置

通道和任务是 NI-DAQmx 中的两个重要概念。

任务是一个或多个通道、定时、触发以及应用于任务本身的属性的集合。一个任务表示用户想做的一次测量或一次信号发生。用户可以设置和保存一个任务里的所有配置信息，并且在应用程序中使用这个任务。对于实时信号的采集，任务是程序中必须的组成部分。创建和配置一个任务需要调用 DAQmx Start function 等 VI。具体步骤如下：

① 使用 DAQmx Create Channel VI 创建一个模拟输入电压/模拟输出电压的通道(即在 DAQmx Create Channel VI 的选项卡上选择 AI Voltage/AO Voltage)。

② 调用 DAQmx Timing VI，设置采样频率，并将采样模式设置为 Finite Samples(有限个样本)。连续采样时选用 Continuous Samples(连续样本)。一般多点模拟输出时选用 Finite Samples，连续模拟输出用 Continuous Samples。

③ 调用 DAQmx Start VI。

④ 使用 DAQmx Write VI，将模拟输入数据写到缓冲区中。

⑤ 调用 DAQmx Read VI，使用缓冲区的数据开始模拟输出。

⑥ 调用 DAQmx Clear Task VI 清除该任务，停止模拟输出，并释放缓存 DAQ 卡上的资源。

任务的创建与配置如图 16-6 所示。

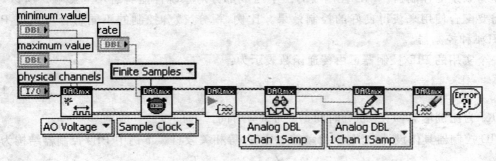

图 16-6　闭环时滞系统信号采集程序框图

16.2.3 被控过程的实现

本实验被控过程为 $\frac{1}{s+1}e^{-\tau s}$,其中,$\tau=0.5$。原型实验板组建电路的传递函数 $G(s)=\frac{1}{RCs+1}=\frac{1}{s+1}$,而时滞部分由软件实现,时滞模块如图 16-7 所示。

图 16-7 时滞模块.vi

16.2.4 PID 控制器设计

PID 控制技术是在反馈思想被实际应用以后在工业应用中发展起来的。经过一百年的发展,PID 已经成为应用最广泛的控制技术。在石化、化工、造纸等工业领域,全世界超过 90% 的控制回路都在使用 PID 控制。一个 PID 控制系统的基本结构如图 16-8 所示。

图 16-8 PID 控制器的基本结构图

PID 控制器包括比例、积分、微分三个组成部分。增加比例增益可以提高系统的开环增益,减小系统稳态误差,从而提高系统的控制精度,但是过大的比例增益也会降低系统的稳定性,严重时造成闭环系统的不稳定。积分器可以改善系统的稳态性能,但是同时控制信号产生相位滞后,对系统稳定性不利。单独使用积分器会使控制信号产生 90° 的滞后相位,通常不宜单独使用积分控制器。微分器可以改善系统的动态性能,同时使控制信号的相位超前,提高系统的相位裕度,增加系统的稳定性。但是,由于微分器对系统噪声非常敏感,不能单独使用微分器作为系统的控制器。PID 控制器的三个组成部分对系统性能有着不同影响。所以,我们通常需要配合使用来获得良好的控制效果。比例、积分、微分控制的不同组合可组成 P,PI,PD,PID 4 种控制器。

一个实用的 PID 控制器可由传递函数表示为:

$$G(s)=K_p\left(1+\frac{1}{sT_i}+\frac{sT_d}{\alpha sT_d+1}\right) \quad (16.2)$$

其中,K_p 为比例增益,T_i 为积分时间,T_d 为微分时间。

PID 控制器具体设计方法见《自动控制原理》等相关教材。本例中 PID 控制器结构为

$$G(s)=K_p\left(1+\frac{1}{sT_i}+\frac{sT_d}{\alpha sT_d+1}\right)$$

参数分别为 $K_p=1.54, T_i=1.21, T_d=0.21, \alpha=0.1$,则控制器传递函数 $G(s)=\dfrac{5s^2+11s+10}{s^2+10s}$。

电路的输入接模拟输出 DAC0,电路输出接模拟输入 ACH1+,物理通道接 Dev1/a_{i0}(模拟输出 DAC0),Dev1/a_{i1}(对应模拟输入 ACH1+),运行程序。

实验结果如图 16-9 所示。

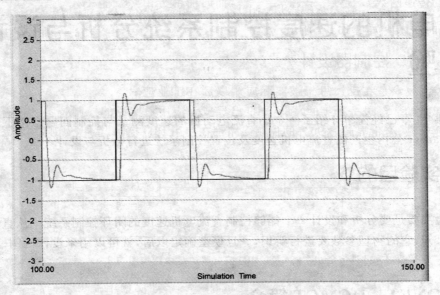

图 16-9 时滞系统 PID 控制响应图

亮 点

本章实验详细说明了原型实验板信号采集的原理,并介绍了通道选择、任务设置等方面的内容,有利于学生更好地理解软、硬件在实际系统中如何结合使用的。

思考题

1. 运用本章所学知识,控制实际系统,改变电路中的电阻或电容,观察对系统有何影响。
2. 调整 PID 参数,观察对系统有何影响。
3. 输入信号若改为正弦信号,程序应如何修改,并观察模拟输入和模拟输出的采样情况。

第 17 章

直流电机的速度控制系统分析与设计应用实验

本书第 14 章已经简单介绍了一个小直流电动机的速度测量与控制问题。接下来的两章主要对 Quanser 公司生产的直流电机速度及位置控制系统进行分析与设计。

17.1 实验目的

该实验主要是要分析和设计一个能够控制直流电机速度的闭环控制系统。从直流电机的数学模型可知,它的物理参数要进行辨识,一旦模型确定以后,就可以用来设计比例-积分(PI)控制器。

17.2 QNET - DCMCT 简介

Quanser QNET 是一个功能强大的通用训练板。借助 QNET 系列训练板的各种功能,并使用 LabVIEW 编程语言、一块 NI-E 系列或 NI-M 系列的数据采集卡和一个 ELVIS 工作站可以进行基于 PC 的控制。

直流电机控制训练板(DCMCT)是被设计在 NI-ELVIS 平台上操作的一个 QNET 模块,如图 17-1 所示。其中 ELVIS 单元被连接到 PC 里的一块 NI-E 系列或 NI-M 系列数据采集卡。利用该模块可以对直流电机控制系统进行分析与设计。DCMCT 的 LabVIEW 程序利用数据采集卡读入 3 个输入:编码器、转速计和电流传感器,并输出电压对电机进行控制。

对于进行直流电机控制的实验,以下系统是必需的:
➢ 装有连接到 NI ELVIS 工作站的 NI-E 系列或 NI-M 系列数据采集卡的 PC 机。
➢ Quanser 直流电机控制训练板(DCMCT)模块。
➢ 安装了 ELVIS CD 的驱动程序。
➢ 安装了包含下列附件模块的 LabVIEW 7.1:
 -控制设计包(Control Design Toolkit);

图 17-1 直流电机控制训练板(DCMCT)

—仿真模块(Simulation Module)。

17.3 DCMCT 模型表述

17.3.1 元件命名

表 17-1 列出了加拿大 Quanser 公司生产的直流电机控制训练板(DCMCT)系统的基本元件。每个元件赋予了唯一的 ID 号进行标识,并在图 17-2 的 DCMCT 模型上指明了所在的位置。

表 17-1 DCMCT 元件命名

ID#	元件名	ID#	元件名
1	直流电机	3	直流电机盒
2	电机编码器	4	转盘负载

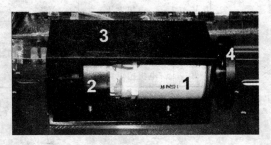

图 17-2 DCMCT 元件

17.3.2 DCMCT 模型描述

DCMCT 系统包括装有一个能驱动转盘负载的伺服电机。驱动该模块电机的板上放大器由一个独立的 24 V 直流电源提供电源。电机的输入电压范围是 ±24 V。电机上有一个测量位置的编码器,一个测量速度的转速计和一个测量实际反馈电流的电流传感器。该训练装置只有安装在 NI ELVIS 实验工作站上才能使用。

17.4 建立直流电机开环速度控制模型

在进入该实验前,必须阅读、理解和完成这一节的内容。

本节通过研究直流伺服电机的行为特性来引入控制的概念。因此,熟悉电机的物理特性是非常重要的。

直流电机具有电气属性和机械属性。对于表 17-2 中所定义的各个参数,描述直流电机开环响应的电气方程为:

$$V_m(t) - R_m I_m(t) - E_{emf}(t) = 0 \tag{17.1}$$

和

$$E_{emf}(T) = K_m \omega_m(t) \tag{17.2}$$

描述电机扭矩的机械方程为:

$$T_m(t) = J_{eq}\left[\frac{d\omega_m(t)}{dt}\right] \tag{17.3}$$

和

$$T_m(t) = K_t I_m(t) \tag{17.4}$$

其中,表 17-2 给出了 V_m、R_m、T_m、J_{eq}、ω_m、K_t、K_m 和 I_m 的描述。

表 17-2 直流电机模型参数

符号	描述	单位	符号	描述	单位
V_m	电机电压	V	K_m	电机反向感应常数	V·(rad/s)$^{-1}$
R_m	电机电阻	Ω	ω_m	电机轴角速度	rad/s
I_m	电机电枢电流	A	T_m	电机扭矩	N·m
K_t	电机扭矩常数	N·m/A	J_{eq}	电机轴和负载的转动惯量	kg·m^2

把式(17.4)的拉普拉斯变换式代入式(17.3)的拉普拉斯变换式,可得电机电枢电流为:

$$I_m(s) = \frac{J_{eq} s \omega_m(s)}{K_t} \tag{17.5}$$

把式(17.5)和式(17.2)的拉普拉斯变换式代入式(17.1)的拉普拉斯变换式,可得

$$V_m(s) - \frac{R_m J_{eq} s \omega_m(s)}{K_t} - K_m \omega_m(s) = 0 \tag{17.6}$$

通过解 $\omega_m(s)/V_m(s)$ 可得直流电机的速度控制开环传递函数:

$$\frac{\omega_m(s)}{V_m(s)} = \frac{K_t}{R_m J_{eq} s + K_t K_m} \tag{17.7}$$

17.5 实验内容

17.5.1 系统硬件配置

利用装有 DCMCT 板的 NI-ELVIS 系统和已编写好的虚拟仪器(VI)控制器文件"直流电机速度控制.vi"进行实验。

在开始实验部分之前,要确保系统按如下要求配置好:
- QNET 直流电机控制训练板与 ELVIS 相连。
- ELVIS Communication Switch 开关拨到旁路(BYPASS)。
- QNET 直流电机控制训练板模块连接到直流电源。
- QNET 模块上的的 4 个 LED 灯+B,+15 V,-15 V,+5 V 应该亮。

17.5.2 实验过程

下面的内容与图 17-3 所示 VI 的标签相对应。请按照如下步骤进行实验:

步骤 1 通读 17.5.1 小节的内容。

步骤 2 从 NI 实用帮手库调用并运行"直流电机速度控制.vi",如图 17-3 所示。这个速度控制的 VI 是贯穿整个实验的顶层 VI,包括模型参数辨识、开环系统时域和频域分析、模型匹配、速度控制器 PI、参数设计及运行速度控制系统。

图 17-3 DCMCT 速度控制实验 VI

步骤3 正如在前面部分所讨论的,有3个参数决定了直流伺服电机的行为特性:

- 电机电阻(R_m)——电机的一个电特性。它描述了对于给定的电压电机的响应并决定了流过电机的电流大小。
- 电机扭矩常数(K_t)——描述了电机产生的扭矩与流过电机的电流之间的比例关系。感应常数 K_m 与电机扭矩常数 K_t 相等。
- 转动惯量(J_{eq})——转盘负载和电机轴的转动惯量。

步骤4 选择"参数估计"标签,打开如图17-4所示的子VI。

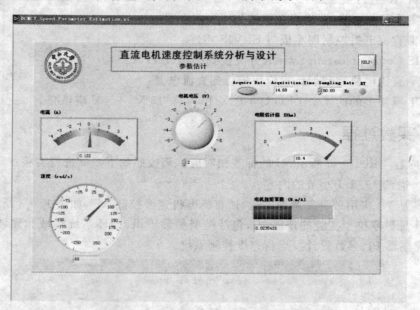

图17-4 电机参数估计界面

步骤5 通过电流传感器和转速计可以测出电机电枢电流、电机转速、电机电阻和转动惯量常数。它们通过各种各样的量表显示出来,如图17-4所示。电机的输入电压是通过软前置板中间上面的旋钮进行控制的。前置板的右上部分有一个 Acquire Data 按钮,按下这个按钮可以让VI停止运行。前置板上还有一个显示VI运行仿真时间的 Acquisition Time 指示器、一个能改变控制器采样速率的控制器和一个能指示控制器是否保持实时(RT)运行的LED。保持实时是指VI没有丢失传感器的任何一个采样点。

如果 LED 灯亮红色或者闪烁,则表明 VI 没有足够的计算能力跟踪上传感器。在这种情况下,减小采样率并点击 Acquire Data 按钮关闭 VI,然后选择"参数估计"标签重新打开 VI。

步骤6 从-5 V开始,以1 V的步距增大电机电压,直到5 V。每一步都要测量电机速度、电机电流和停转电流。停转电流可以通过手握住转盘负载使得电机不再转动(即电机停转)后测得。在表 17-3 中记录结果。

表 17-3 参数估计测量

电机电压/V	电机速度/(rad·s^{-1})	电机电流/A	停转电流/A
−5	−171	−0.189	−1.70
−4	−130	−0.180	−1.27
−3	−89	−0.172	−0.90
−2	−48	−0.169	−0.63
−1	−7	−0.180	−0.26
1	6	0.298	0.27
2	50	0.217	0.76
3	91	0.212	1.05
4	133	0.212	1.43
5	175	0.217	4.79

步骤 7 在完成实验的所有测量后,单击 Acquire Data 按钮。

步骤 8 这些测量数据用来辨识特定电机的物理参数。在后面,建立的数学模型将用来设计一个控制器。确保用来建立模型的系统与实现控制系统时的系统是一样的。如前面所讨论的,有 3 个模型参数要辨识,它们是电机电阻、扭矩常数和等价的转动惯量。

步骤 9 回想一下前面的直流电机电气方程:

$$V_m(t) - R_m I_m(t) - E_{emf}(t) = 0 \tag{17.8}$$

和

$$E_{emf}(t) = K_m \omega_m(t) \tag{17.9}$$

由式(17.9)得知,如果不允许电机转动(即电机停转),则电机电动势为零。因此,如果 $I = I_{stall}$,$E_{emf} = 0$ V,式(17.8)变为:

$$R_m = \frac{V_m(t)}{I_{stall}(t)} \tag{17.10}$$

上式这就是电机电枢电阻参数的估算计算。

步骤 10 把表 17-3 中的停转电流测量值复制到表 17-4 中并根据式(17.10)计算每一电压步距的 R_m,由此可以估计出电机电阻。电机电阻的估计值可以通过取 10 次测量值的平均值得出。

表 17-4　电阻值估计

电机电压/V	停转电流/A	电阻估计值/Ω
−5	−1.70	2.90
−4	−1.27	3.15
−3	−0.90	3.33
−2	−0.63	3.17
−1	−0.26	3.85
1	0.27	3.73
2	0.76	2.64
3	1.05	2.86
4	1.43	2.80
5	4.79	2.79
电阻平均值 R_m		3.12

步骤 11　第 2 个要得到的模型参数是电机扭矩常数，用 K_t 表示。考虑到在国际单位中，$K_t = K_m$，合并式(17.5)和式(17.6)，通过下面公式计算出扭矩常数：

$$K_t = \frac{V_m(t) - R_m I_m(t)}{\omega_m(t)} \qquad (17.11)$$

在每一电压步距中，利用表 17-3 记录的电机速度和电流，连同表 17-4 中的估计电阻值可以算出扭矩常数。最终的扭矩常数可以取 10 次的扭矩常数的平均得出并完成表 17-5。

表 17-5　电机扭矩常数估计

电机电压/V	电机速度/rad·s^{-1}	电机电流/A	电机扭矩常数估计值/N·m·A^{-1}
−5	−171	−0.189	0.0258
−4	−130	−0.180	0.264
−3	−89	−0.172	0.277
−2	−48	−0.169	0.0307
−1	−7	−0.180	0.0626
1	7	0.298	0.0100
2	50	0.217	0.0265
3	91	0.212	0.0257
4	133	0.212	0.0251
5	175	0.217	0.0247
电机扭矩常数平均值 K_t			0.0285

步骤 12 最后需要计算的参数是转动惯量。QNET 模块上有一个固定在电机轴上的转盘负载,转盘负载的中心转动惯量为:

$$J_1 = \frac{mr^2}{2} \tag{17.12}$$

QNET 系统的电机转盘的转动惯量为 $0.000\,015\ \mathrm{kg \cdot m^2}$,整个系统的转动惯量还包括电机轴的部分。并且由于每个 QNET 模块电机轴都不一样,整个系统的等价转动惯量 J_{eq} 将会通过使模型与实际系统进行匹配得出。

步骤 13 单击"开环特性"标签,如图 17-5 所示的 VI 将会被打开。

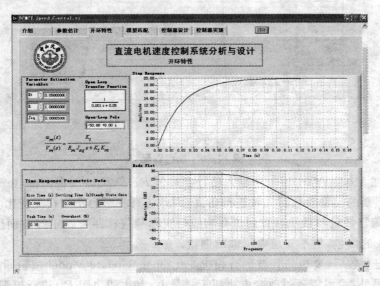

图 17-5 开环系统特性

步骤 14 输入 R_m、K_t 和 J_{eq} 的估计值。响应会出现相应的变化。

步骤 15 电机的阶跃响应是施加 1 V 单位阶跃时电机速度的响应。波特图描绘了对于给定输入频率的电机速度响应。注意到幅值是以 dB 为单位并在高频衰减。利用这个 VI 我们可以研究该系统的模型,也就是研究 3 个模型参数是如何影响阶跃响应、波特图和传递函数的。例如,增大电机转动惯量,观察峰值时间是如何增大以及调节时间是如何减小的。

步骤 16 对开环特性进行研究后,必须将参数设置为辨识出来的原始值。选择"模型匹配"标签打开图 17-6 所示的 VI,继续实验。

步骤 17 如图 17-6 所示,示波器显示了利用前面建立的数学模型产生的电机速度响应的仿真波形和由转速传感器测量到的实际电机速度响应波形。QNET 电机是由信号发生器驱动的。

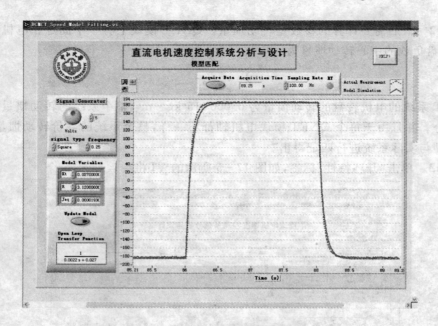

图 17-6 模型匹配

步骤 18 在 Model Variables 中输入估计参数值 R_m 和 K_t。单击 Update Model 按钮,注意到由于利用了新的模型参数对系统进行仿真,因此仿真波形会发生相应变化。

步骤 19 调整惯量参数 J_{eq},直到仿真响应与实际响应相匹配。正如前面所提到的,我们只知道转盘负载的惯量,但不知道电机轴的惯量。

当改变模型参数后,要想仿真波形有相应变化,单击 Update Model 按钮即可。

步骤 20 另外,也可以通过改变电机扭矩常量 K_t 和电机电阻 R_m 进行模型匹配。一旦仿真波形与实际响应波形匹配的足够好,通过单击 Acquire Data 按钮可以记录下最终的 J_{eq}、K_t 和 R_m,以便用来进行控制器设计。记录下这些参数,下一章的位置实验将会用到。

步骤 21 选择"控制器设计"标签。Motor Model 方块是开环系统的传递函数表达式,PI Controller 方块是要设计的控制器,如图 17-7 所示。所有的方块都在一个负反馈环内,从而使系统成为一个闭环控制系统。参考输入信号默认为 100 deg/s 的阶跃信号。控制系统应输出一个电压到电机使得实际电机速度达到设定的速度。

表 17-6 模型匹配后参数

模型匹配后参数	测量值	单 位
R_m	3.12	Ω
K_t	0.0295	N·m/A
J_{eq}	1.93E-005	kg·m²

步骤 22 图 17-7 中的 2 个控制旋钮可以改变控制器的比例增益 K_p 和积分增益 K_i。对于表 17-7 列出了不同的增益 K_p 和 K_i,记录下阶

跃响应变化结果和控制器性能指标变化结果。PI 控制器的传递函数为 $K_p + K_i \cdot s^{-1}$。

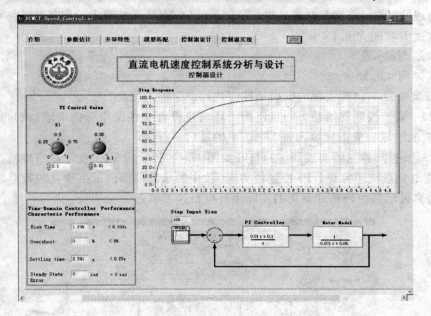

图 17-7 设计控制器

表 17-7 控制器的性能指标

K_p/(V·rad^{-1})	K_i/V·(rad·s^{-1})	上升时间/s	最大超调量/%	调节时间/s	稳态误差/%
0.00	0.50	0.103	22.300	0.719	0.0
0.03	0.50	0.120	1.050	0.299	0.0
0.05	0.50	0.131	−0.008	0.384	0.0
0.08	0.50	0.135	−0.007	0.581	0.0
0.10	0.50	0.132	−0.011	0.990	0.0
0.05	0.00	0.001	−0.270	0.128	36.3
0.05	0.25	0.334	−0.011	0.990	0.0
0.05	0.50	0.131	−0.008	0.384	0.0
0.05	0.75	0.078	0.724	0.175	0.0
0.05	1.00	0.067	3.980	0.257	0.0
0.55	0.04	0.137	0.274	0.244	0.0

步骤 23 一般来说,一个控制系统所必需的性能指标的类型取决于整个系统的设计要求和该系统的物理局限性。下面我们来寻找最符合下列 DCMCT 系统要求的控制器增益 K_p 和 K_i:
- 最大上升时间为 0.15 s。
- 最大超调量<5%。
- 过渡时间<0.25 s。
- 稳态误差为 0%(即实际的电机速度应达到设定输入速度)。

步骤 24 调节控制器增益。一旦使得闭环响应符合了性能指标的要求,就可以把 K_p 和 K_i 连同相应的时域响应指标填入表 17-7 中的最后一行。

步骤 25 选择"控制器实现"标签,打开如图 17-8 所示的 VI。设计好的控制器在实际的 QNET 直流电机系统中实现。PI 控制器实现 VI 中的示波器画出了由建立的数学模型所产生电机速度仿真波形和由转速计测得的实际闭环电机速度波形。

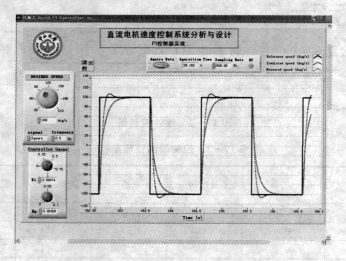

图 17-8 PI 控制器实现

步骤 26 设计好的符合性能指标要求的比例增益和积分增益要确保设置到 Controller Gains 面板上,如图 17-8 所示。Desired Speed 面板上的函数发生器是用来产生参考速度的。把参考速度设为幅度为 $100°/s$ 的方波信号。

步骤 27 如果仿真或实际的闭环响应波形不满足性能指标要求,则可以调整 Controller Gains 面板上的控制器。在表 17-8 中记录最终的 K_p、K_i 和闭环响应的控制性能指标——上升时间、最大超调量、调节时间和稳态误差。

步骤 28 改变参考信号的幅度、频率和类型(正弦波、

表 17-8 实际闭环性能

性能指标	测量值	单位
K_p	0.04	V/rad
K_i	0.65	V/(rad·s)
上升时间	0.12	s
最大超调量	0.0	%
调节时间	0.24	s
稳态误差	0.0	deg/s

锯齿波和方波),并观察响应的行为特性。

步骤 29　单击 Acquire Data 按钮可以停止 PI 控制器实现 VI 并转到"介绍"标签。关闭 PROTOTYPING POWER BOARD 开关和 ELVIS 后面的 SYSTEM POWER 开关;拔下模块的交流电源插头;最后按下 VI 的 Stop 按钮结束该实验。

亮　点

本章主要利用 NI ELVIS 实验箱及 Quanser DCMCT(直流电机控制训练板)完成直流电机速度控制系统的分析与设计。使从事自动化教学与研究的教师和工程师能充分理解自动控制理论及应用;同时让学生充分领略了自动控制学科的乐趣。

思考题

1. 在调试好的直流电机速度控制系统运行中,突加扰动(例如,用手轻轻夹住或放开电机负载转盘),观察系统响应有何变化。
2. 改变控制器参数 K_i 和 K_p,观察对系统响应的影响。
3. 如何修改原程序中方波设定值的周期。

第 18 章

直流电机的位置控制系统分析与设计应用实验

18.1 实验目的

该实验是要分析和设计一个能够控制直流电机位置的闭环控制系统。直流电机的数学模型将会复习到该实验,其物理参数也要进行辨识。一旦模型确定以后,就可以用来设计比例—积分—微分(PID)控制器。

18.2 DCMCT 模型表述

DCMCT 元件描述与第 17 章相同,系统包括装有一个能驱动转盘负载的伺服电机。驱动该模块电机的板上放大器由一个独立的 ±24 V 直流电源提供电源。电机的输入电压范围是 ±24 V。电机上有一个测量位置的编码器,一个测量速度的转速计和一个测量实际反馈电流的电流传感器。

18.3 实验前练习

在进行该实验前,必须阅读、理解和完成这一节的内容。

在进行实验部分之前,我们需要完成 4 个实验前练习;第 1 个练习是建立直流电机位置开环模型;在实验前练习 2(18.3.2 小节)中,我们用一个简单的反馈系统来分析直流电机系统的特性;具有给定控制器的闭环系统在实验前练习 3(18.3.3 小节)中;最后一个练习(18.3.4 小节)要设计满足特定性能指标要求的控制器增益。

在开始实验之前,首先概述一下直流电机的电气方程和机械方程,并给定模型参数。对于表 18-1 中的各个参数,描述直流电机开环响应的电气方程为:

$$V_m(t) - R_m I_m(t) - E_{emf}(t) = 0 \tag{18.1}$$

和

$$E_{\text{emf}}(t) = K_m \left(\frac{d}{dt}\theta_m(t)\right) \tag{18.2}$$

描述电机扭矩的机械方程为:

$$T_m(t) = J_{eq}\left(\frac{d^2}{dt^2}\theta_m(t)\right) \tag{18.3}$$

$$T_m(t) = K_t I_m(t) \tag{18.4}$$

其中,表 18-1 给出了 $T_m, J_{eq}, \omega_m, K_t, K_m$ 和 I_m 的描述。该模型忽略了摩擦力或阻尼。

表 18-1 直流电机模型参数

符号	描述	单位	符号	描述	单位
V_m	电机电压	V	K_m	电机反向感应常数	V/(rad/s)
R_m	电机电阻	Ω	ω_m	电机轴角速度	rad/s
I_m	电机电枢电流	A	T_m	电机扭矩	N·m
K_t	电机扭矩常数	N·m/A	J_{eq}	电机轴和负载的转动惯量	kg·m²

18.3.1 实验前练习 1:建立开环模型

由式(18.1),(18.2),(18.3)和(18.4)可以得到表征直流电机角位置/输入电压的开环传递函数 $G(s)$。如图 18-1 所示。

推导过程如下:

合并机械方程,即把式(18.4)的拉普拉斯变换式代入式(18.3)的拉普拉斯变换式,可得电流 $I_m(s)$ 为:

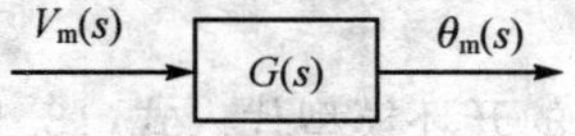

图 18-1 电机角位置开环传递函数方框图

$$I_m(s) = \frac{J_{eq} s^2 \theta_m(s)}{K_t} \tag{18.5}$$

把式(18.5)和式(18.2)的拉普拉斯变换式代入式(18.1)的拉普拉斯变换式,可得

$$V_m(s) - \frac{R_m J_{eq} s^2 \theta_m(s)}{K_t} - K_m s \theta_m(s) = 0 \tag{18.6}$$

通过解 $\theta_m(s)/V_m(s)$ 可得直流电机角位置控制的开环传递函数 $G(s)$:

$$\frac{\theta_m(s)}{V_m(s)} = \frac{K_t}{s(R_m J_{eq} s + K_t K_m)} \tag{18.7}$$

18.3.2 实验前练习 2:确定系统类型

练习 1(18.3.1 小节)建立的传递函数是直流电机轴角位置的数学表达式并将用来设计一个控制器。在对 DCMCT 模块上实现的控制系统进行设计之前,我们首先研究一下电机角位

置 $\theta_m(t)$ 跟踪参考位置 $\theta_r(t)$ 的能力。

可以看出，图 18-2 所示的单位反馈系统为 I 型系统。也就是说，对于一个单位阶跃输入

$$\theta_r(s) = \frac{1}{s}$$

可以分析出图 18-2 所示的闭环系统具有零稳态误差。注意到 $G(s)$ 是直流电机的开环传递函数，因此 $G(s) = \frac{\theta_m(s)}{V_m(s)}$。这里，可以利用终值定理计算误差传递函数 $E(s)$ 和零稳态误差。

分析计算过程如下：

图 18-2 所示的闭环单位反馈传递函数为：

$$\theta_m(s) = G(s)(\theta_r(s) - \theta_m(s)) \qquad (18.8)$$

其中

$$G(s) = \frac{K_t}{s(R_m J_{eq} s + K_t K_m)} \qquad (18.9)$$

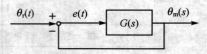

图 18-2 直流电机角位置单位反馈系统

为开环模型，由练习 1(18.3.1 小节)中式(18.7)可以得到。由式(18.8)可得出 $\theta_m(s)$：

$$\theta_m(s) = \frac{G(s)\theta_r(s)}{1 + G(s)} \qquad (18.10)$$

误差的拉普拉斯变换为：

$$E(s) = \theta_r(s) - \theta_m(s) \qquad (18.11)$$

把式(18.10)代入式(18.11)，简化得

$$E(s) = \frac{\theta_r(s)}{1 + G(s)} \qquad (18.12)$$

把式(18.9)的开环模型代入式(18.12)，误差表达式变为：

$$E(s) = \frac{s(R_m J_{eq} s + K_t K_m)\theta_r(s)}{R_m J_{eq} s^2 + K_t K_m s + K_t} \qquad (18.13)$$

终值定理

$$e_{ss} = \lim_{s \to 0} sE(s) \qquad (18.14)$$

成立，因为系统 $sE(s)$ 是稳定的，也就是除了原点的单个极点外，所有的极点都在左半平面上。在单位阶跃作用下，误差的终值估算为：

$$e_{ss} = \lim_{s \to 0} \frac{s(R_m J_{eq} s + K_t K_m)}{R_m J_{eq} s^2 + K_t K_m s + K_t} \qquad (18.15)$$

可得

$$e_{ss} = 0 \qquad (18.16)$$

参考阶跃输入下，该系统具有零稳态误差，故系统为 I 型。

18.3.3 实验前练习3：建立闭环传递函数

使用一个比例-速度(PV)控制器可以控制直流电机角位置达到所要求的设定位置，如

图 18-3 所示。这个控制器控制直流电机的输入电压,并有如下结构
$$V_m(s) = -K_p(\theta_m(s) - \theta_r(s)) - K_v s \theta_m(s) \tag{18.17}$$
其中,$K_p > 0$ 为比例控制增益,$K_v > 0$ 为速度控制增益。这个控制器与更普遍使用的比例-微分(PD)控制器非常相似。PD 控制器不仅反馈位置的微分(即速度),还反馈误差的微分。在这里,PV 控制器更可取,因为它简化了下一个练习中峰值时间和最大超调量的计算,并且仍然有好的性能。

利用练习 1(18.3.1 小节)得到的 $G(s)$ 和式(18.17)的 PV 控制方程,求出闭环系统的传递函数。图 18-3 可以用来导出该传递函数。

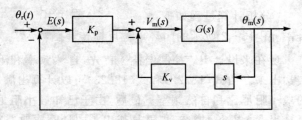

图 18-3 PV 控制系统

重复代入开环传递函数 $G(s)$,直到得到最终的闭环表达式。计算过程如下:

把控制方程式(18.17)的 $V_m(s)$ 代入开环模型式(18.7),有
$$\theta_m(s) = G(s)(-K_p(\theta_m(s) - \theta_r(s)) - K_v s \theta_m(s)) \tag{18.18}$$
解出 $\theta_m(s)$,得到一般形式的闭环传递函数:
$$\theta_m(s) = \frac{K_p G(s) \theta_r(s)}{1 + (K_p + K_v s) G(s)} \tag{18.19}$$
把开环模型式(18.3)代入式(18.19),得到最终的闭环系统传递函数表达式为:
$$\theta_m(s) = \frac{K_p K_t \theta_r(s)}{R_m J_{eq} \left[s^2 + \dfrac{K_t(K_m + K_v)s}{R_m J_{eq}} + \dfrac{K_p K_t}{R_m J_{eq}} \right]} \tag{18.20}$$

18.3.4 实验前练习 4:峰值时间和最大超调量的计算

本实验的目的是使连接在电机轴上的转盘负载的角度跟踪上用户设定的角位移。设计 PV 控制器使得闭环响应达到表 18-2 中的性能指标;所要求的响应可以通过整定控制器增益 K_p 和 K_v 得到。

在练习 2(18.3.2 小节)中看到,闭环系统的稳态误差已经为零。因此,第 4 个性能指标至少在理论上已经满足要求。调节时间要求会在实验部分有所调整。

闭环响应的峰值时间和最大超调量需要满足表 18-2 中的要求。练习 3(18.3.3 小节)中获得的使用 PV 控制器的闭环传递函数是具有如下形式的二阶系统。

表 18-2 控制性能指标要求

响应指标	符号	要求	单位
峰值时间	t_p	<0.180	s
最大超调量	M_p	<5.00	%
调节时间	t_s	<0.25	s
稳态误差	e_{ss}	0	deg/s

$$H(s) = \frac{\omega_n^2}{s^2 + 2\zeta\omega_n + \omega_n^2} \tag{18.21}$$

其中，ω_n 为自然频率，ζ 为阻尼比。$H(s)$ 的峰值时间和最大超调量为：

$$t_p = \frac{\pi}{\omega \sqrt{1-\zeta^2}} \tag{18.22}$$

和

$$M_p = \exp\left(-\frac{\pi\zeta}{\sqrt{1-\zeta^2}}\right) \tag{18.23}$$

其中，$0 \leqslant \zeta < 1$。

现在来设计 PV 控制增益。首先，自然频率和阻尼比必须要用控制增益和直流电机参数表达出来。由式(18.22)和式(18.23)可以计算出满足表18-2中峰值时间和最大超调量要求的最小阻尼比和自然频率。最后，由于已知最小阻尼比和自然频率，则由 ω_n 和 ζ 的表达式可以算出 K_p 和 K_v 增益，也就是找出了闭环响应所要求的 PV 增益。

对照式(18.21)的 $H(s)$ 与练习3(18.3.3小节)得到的闭环传递函数，可以得到自然频率表达式 $\omega_n(K_p)$ 与阻尼比表达式 $\zeta(K_p, K_v)$。

对照式(18.20)的闭环系统与式(18.21)的 $H(s)$，得到自然频率为：

$$\omega_n = \sqrt{\frac{K_p K_t}{R_m J_{eq}}} \tag{18.24}$$

阻尼比为：

$$\zeta = \frac{1}{2} \frac{K_t(K_m + K_v)}{\sqrt{\frac{K_p K_t}{R_m J_{eq}}} R_m J_{eq}} \tag{18.25}$$

求出满足表18-2中最大超调量要求的最小阻尼比。然后根据 ζ_{min} 和式(18.22)中的峰值时间表达式求出满足表18-2中峰值时间要求的最小自然频率。

用模型参数来表示最小阻尼比和最小自然频率并用表18-3中的直流电机模型参数估算出它们的数值。

表18-3 练习4(18.3.4小节)模型参数值

符号	描述	数值	单位
R_m	电机电阻	2.50	S
K_t	电机扭矩常数	0.020	N·m/A
K_m	电机反向感应常数	0.020	V/(rad/s)
J_{eq}	电机轴和负载转动惯量	2.00E-005	kg·m²

计算过程如下：

根据式(18.23)，对于一个超调量 M_p，都存在一个阻尼比使得下列不等式成立。

$$\frac{1}{\sqrt{1+\frac{\pi^2}{\ln(M_p)^2}}} < \zeta \tag{18.26}$$

为此，对于要求的最大超调量 $M_p=0.05$，所需最小的阻尼比为：

$$\zeta_{\min} = 0.690 \tag{18.27}$$

要使第一个波峰超调量小于或等于 5%，阻尼比必须大于或等于 $\zeta_{\min}$。

当自然频率 ω_n 满足下列不等式，则由式(18.22)可得响应到达第 1 个波峰的时间小于 t_p：

$$\frac{\pi}{t_p\sqrt{1-\zeta^2}} < \omega_n \tag{18.28}$$

要使峰值时间 $t_p=0.15$ s，则由阻尼比(18.27)及式(18.28)，可得自然频率的最小值为：

$$\omega_{n,\min} = 28.94 \text{ rad/s} \tag{18.29}$$

由练习前面部分得出的阻尼比与自然频率表达式，在最小阻尼比与最小自然频率条件下可求出满足性能指标的控制增益。根据模型参数 ω_n 和 ζ，写出控制增益 K_p 和 K_v 的表达式并算出它们的数值结果。计算过程如下：

根据式(18.24)，比例增益 K_p 满足下式：

$$K_p > \frac{R_m J_{eq} \omega_{n,\min}}{K_t} \tag{18.30}$$

把式(18.29)的最小自然频率以及表 18-3 中的直流电机参数代入上式，可得

$$K_p > 2.09 \text{ V/rad} \tag{18.31}$$

由式(18.25)，可得

$$K_v > \frac{2R_m J_{eq} \zeta_{\min} \sqrt{\frac{K_p K_t}{R_m J_{eq}}}}{K_t} - K_m \tag{18.32}$$

代入式(18.27)的自然频率，可得速度增益为：

$$K_v > 0.0799 \text{ V} \cdot (\text{rad/s})^{-1} \tag{18.33}$$

对于具有表 18-3 模型参数的直流电机模型，如果比例增益和速度增益分别满足式(18.31)和式(18.33)，则闭环响应的峰值时间和最大超调量可以满足表 18-2 所列的性能指标要求。

18.4 实验内容

18.4.1 系统硬件配置

利用装有 DCMCT 板的 NI-ELVIS 系统和编写好的虚拟仪器(VI)控制器文件"直流电

机位置控制.vi"进行本节的实验。

在开始实验部分之前,要确保系统按如下要求配置好:
➢ QNET 直流电机控制训练板与 ELVIS 相连;
➢ ELVIS Communication Switch 开关拨到 BYPASS;
➢ QNET 直流电机控制训练板模块连接到直流电源;
➢ QNET 模块上的 4 个 LED 灯+B,+18 V,-18 V,+5 V 应该亮。

18.4.2 实验过程

下面这一节的内容与图 18-4 所示 VI 的标签相对应。请按照如下步骤进行实验:

步骤 1 通读 18.4.1 小节的内容。

步骤 2 从 NI 实用帮手库调用并运行"直流电机位置控制.vi",如图 18-4 所示。直流电机位置控制.vi 主要包括电机模型匹配、位置控制器设计及位置控制系统运行实现。

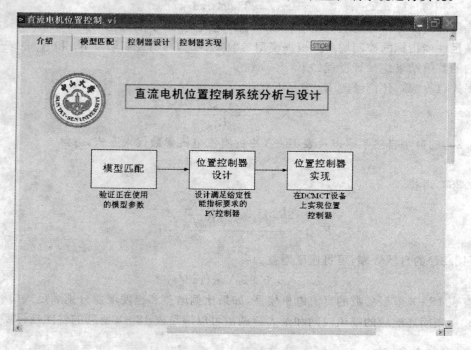

图 18-4 DCMCT 位置控制实验 VI

步骤 3 在上 1 个实验中,对于特定的 DCMCT 单元,下列的直流电机 3 个参数已辨识出来。
➢ 电机电阻(R_m)——电机的 1 个电特性。它描述了对于给定的电压电机的响应并决定了流过电机的电流大小。

➤ 电机扭矩常数(K_t)——描述了电机产生的扭矩与流过电机的电流之间的比例关系。反向感应常数 K_m 与电机扭矩常数 K_t 相等。
➤ 转动惯量(J_{eq})——转盘负载和电机轴的转动惯量。

上一个实验中得到的 3 个模型参数可能并不能精确地表征当前使用的 DCMCT 模块,因为现在可能使用了不同的 QNET 单元。基于这个原因,我们要重做模型匹配过程以验证练习 1(18.3.1 小节)所建立的传递函数的参数能表征实际系统。

步骤 4 选择"模型匹配"标签,打开图 18-5 所示的 VI,继续实验。

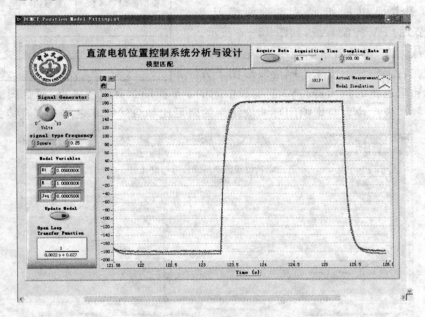

图 18-5 模型匹配

步骤 5 如图 18-5 所示,示波器显示了利用上一个实验建立的数学模型产生的电机速度响应的模型仿真波形和由转速传感器测量到的实际电机速度响应波形。QNET 电机是由信号发生器驱动的。Acquire Data 按钮可以停止该 VI 并进入下一步实验。图 18-5 所示前置板的顶部有仿真时间指示器、采样率和指示 VI 是否实时的 RT LED。

如果 RT LED 显示红色或者在绿色与红色之间闪烁,则可以降低采样速率。要使新的采样率生效,可以单击 Acquire Data 按钮并重新选择"模型匹配"标签,重新装载该子 VI。

步骤 6 在 model variables 中输入直流电机速度控制实验中得到的参数 R_m 和 K_t,并单击 Update Model 按钮。由于使用了新的模型参数对系统进行仿真,因此仿真波形会发生相应变化。

步骤 7 如果两个波形有较大的差异,则说明当前使用的 QNET-DCMCT 模块与前一章速度控制实验用来进行参数估计的系统不同。调整电机扭矩常数 K_t、电机电阻 R_m 和惯量参数 J_{eq} 直到仿真响应与实际响应相匹配。

当改变模型参数后，要想仿真波形有相应变化，必须要单击 Update Model 按钮。

步骤 8 一旦仿真波形与实际响应波形匹配得足够好，在表 18-4 中记录下最终的 J_{eq}、K_t 和 R_m 并单击 AcquireData 按钮以进行控制设计。

步骤 9 选择"控制器设计"标签。Motor Model 方块是表征开环系统的传递函数表达式，比例和速度补偿器共同组成了实验前练习 3（18.3.3 小节）的 PV 控制系统，如图 18-6 所示。参考输入默认为 90°的位置阶跃信号，相应的闭环响应波形会在右上角显示出来。响应波形图上方有自然频率和阻尼比的指示器。VI 前面板中间的 s 平面图画有闭环极点，而且图上方直接给出了极点位置。极点位置与影响闭环响应结果的阻尼比和自然频率之间具有直接关系。

表 18-4 模型匹配后参数

模型匹配后参数	测量值	单 位
R_m	3.12	Ω
K_t	0.0295	N·m/A
J_{eq}	1.93E-005	kg·m²

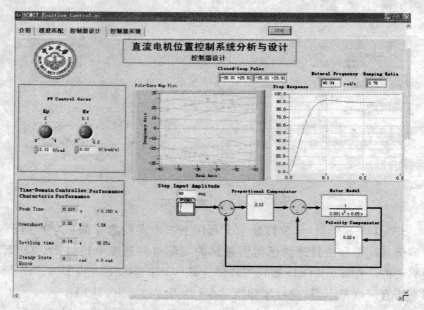

图 18-6 设计控制器

步骤 10 图 18-6 中的 2 个控制旋钮可以改变控制器的比例增益 K_p 和速度增益 K_v。对于表 18-5 列出的不同的增益 K_p 和 K_v，记录控制器性能指标变化结果。

表 18-5 控制器性能指标

K_p /(V/rad)	K_v /(V/rad·s^{-1})	上升时间 /s	最大超调量 /%	调节时间 /s	稳态误差 /%
0.5	0.0025	0.237	16.40	0.560	0.0
1.00	0.0025	0.185	30.59	0.520	0.0
2.00	0.0025	0.106	44.49	0.560	0.0
1.00	0.01	0.161	21.89	0.490	0.0
1.00	0.0200	0.173	12.95	0.390	0.0
1.00	0.1000	0.889	−0.04	0.530	0.0
1.80	0.0550	0.180	4.85	0.230	0.0

步骤 11 基于表 18-4 记录的当前 DCMCT 模块的模型参数，重新计算满足表 18-2 性能指标要求的实验前练习 4(18.3.4 小节)中的最小控制增益。在表 18-6 中记录 PV 控制增益。

步骤 12 在"控制器设计.vi"的 K_p 和 K_v 旋钮中输入上一步计算出来最小 PV 控制增益。相应的响应结果应满足表 18-2 的性能指标要求，但仍需要做一些微调。在这个设计中，并没有考虑调节时间，因此，要对增益做一些微调以满足调节时间的要求。一旦控制器增益使得闭环响应符合了性能指标的要求，把 K_p 和 K_v 连同相应的时域响应指标填入表 18-5 中的最后一行。

表 18-6 对于当前 DCMCT 单元，满足性能指标要求的 PV 控制增益

控制增益	满足性能指标要求的最小值	单 位
K_p	1.71	V/rad
K_v	0.052	V/(rad·s^{-1})

步骤 13 选择"控制器实现"标签，打开如图 18-7 所示的 VI。设计好的控制器在实际的 QNET 直流电机系统中实现。图 18-7 所示的"控制器实现.vi"中的示波器画出了由输入参数建立的数学模型所产生电机位置仿真波形和由转速计测得的实际闭环电机位置波形。

步骤 14 确保表 18-6 记录的设计好的符合性能指标要求的比例增益和速度增益设置到 CONTROLLER GAINS 面板上，如图 18-7 所示。DESIRED SPEED 面板上的函数发生器是用来产生参考位置的。把参考位置信号设为幅度为 90°，频率为 1 Hz 的方波信号。

步骤 15 在表 18-7 中记录实际测量的电机位置的控制性能指标——上升时间、最大超调量、调节时间和稳态误差。如果需要的话，可以利用示波器左上角的放大工具来观察更为细致的波形。

步骤 16 实际直流电机测量值是不是能满足表 18-2 中所有的性能指标要求呢？如果不是，给出不满足要求的性能指标并解释为什么当设计出来的 PV 控制器在实际系统实现时

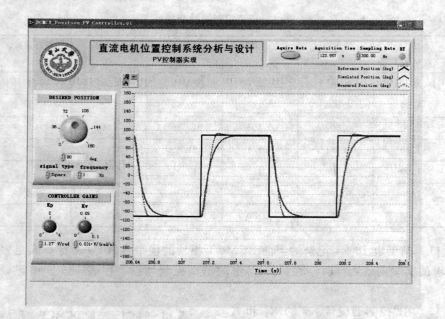

图 18-7 PV 控制器实现

并没有达到所要求的特性。

解释如下：模型和控制系统并没有考虑任何类型的摩擦和阻尼。由于实际系统存在着库仑摩擦或静摩擦，实际系统的稳态误差可能不为零。类似地，实际系统的最大超调量可能为零或者小于仿真波形的最大超调量。这是因为模型没有考虑黏性阻尼。能量在实际机械系统中通过振荡衰减而形成一个比通过模型预测衰减的更快的响应。

步骤 17 改变参考信号的幅度、频率和类型（正弦波、锯齿波和方波），并观察响应的行为特性。

步骤 18 单击 Acquire Data 按钮可以停止"控制器实现"并转到介绍标签；关闭 PROTO-TYPING POWER BOARD 开关和 ELVIS 后面的 SYSTEM POWER 开关；拔下模块的交流电源插头；最后按下 VI 的 Stop 按钮，结束该实验。

表 18-7 实际闭环性能

性能指标	测量值
上升时间/s	0.18
最大超调量/%	0.0
调节时间/s	0.2
稳态误差/deg	3.0

亮　点

本章主要利用 NI ELVIS 实验箱及 Quanser DCMCT 完成直流电机位置控制系统的分析与设计，使得伺服系统控制成为可能。

思考题

1. 在调试好的直流电机位置控制系统中,突加扰动(例如,用手轻轻夹住或放开电机负载转盘),观察系统响应有何变化;
2. 改变控制器参数 K_p 和 K_v,观察对系统响应的影响;
3. 如何修改原程序中方波设定值的幅度和频率。

附录 A

NI ELVIS 性能指标

该附录列出了 NI ELVIS 的技术规范。除非特别指出，这些规范是指预热 30 min 后，温度为 23 ℃ 时的情况。注意，ELVIS 具有校准功能，使用者可以重新校准可调电源和函数发生器电路。

模拟输入

参阅 DAQ 设备技术规范文档的模拟输入部分。

任意波形发生器[①]/模拟输出

输出通道数　2

最高频率　DC 至 DAQ device AO update rate/10

总输出带宽　27 kHz

输出振幅　±10 V

分辨率　12 位或 16 位，由 DAQ 设备决定

输出驱动电流　25 mA

输出阻抗　1 Ω

注：① 任意波形发生器对 NI 6014 或 NI 6024 不起作用。

波特图分析仪

幅值精度　12 或 16 位，决定于 DAQ 设备

相位精度　1°

频率范围　5～35 kHz

DC 电源

+15 V 电源

输出电流　自复位式电路，在 500 mA 及以下不会关闭

输出电压　空载 15×(1±5%) V

NI ELVIS 性能指标

电源电压调整度　最大 0.5%

负载调整度　0 到满负载① 1%典型，最大 5%

纹波与噪声　1%

－15 V 电源

输出电流　自复位式电路，500 mA 及以下不会关闭②

输出电压　空载－15 V，±5%

电源电压调整度　最大 0.5%

负载调整度　0 到满负载① 1%典型，最大 5%

纹波和噪声　1%

注：① 满负载是指电源最大输出电流。负载在 0 到满负载间线性调节；因而在满负载的 50%时，输出下降负载调整条件的 50%。
　　② 从－15 V 电源和可调电源提取的总电流不能超过 500 mA。

＋5 V 电源

输出电流　自复位电路，2 A 或以下不会关闭

输出电压　空载＋5 V，±5%

电源电压调整度　最大 0.50%

负载调整度　0 到满负载 22%典型，最大 30%

纹波和噪声　1%

数字 I/O

分辨率

数字输入分辨率　8 位

数字输出分辨率　8 位

数字寻址　4 位

数字输入

I_I　1.0 μA(max)

V_{IH}　2.0 V(min)

V_{IL}　0.8 V(max)

数字输出

V_{OH}　3.38 V(min 当 6 mA 时)，4.4 V(max 当 20 μA 时)

V_{OL}　0.86 V(min 当 6 mA 时)，0.1 V(max 当 20 μA 时)

DMM

电容测量

精度　1%

量程　三个量程,50 pF～500 μF
测试频率　120 或 950 Hz,可用软件选择
最大测试频率电压　1 V(峰-峰值,正弦波),可用软件选择

连续性测量

电阻极限　最大 15 Ω,可用软件选择
测试电压　3.89 V,可用软件选择

电流测量

精度
　　AC　0.25%,±3 mA[①,②]
　　DC　0.25%,±3 mA[②]
共模电压　±20 V(max)
共模抑制　70 dB(min)
量程　±250 mA 两个量程,最大
分辨率　12 或 16 位,决定于 DAQ 设备
分流电阻　0.5 Ω
电压负荷　2 mV/mA

注:① 25 Hz～10 kHz。
　　② 测量共模高电压时合理的零校正可以把噪声偏移误差从 ±3 mA 降到 200 μA

二极管测量[①]

阈值电压　最大 1.1 V

电感测量

精度　1%
量程　100 μH～100 mH
测量频率　950 Hz,可用软件选择
测量频率电压　1V(峰-峰值,正弦波),可用软件选择

电阻测量

精度　1%
量程　5 Ω～3 MΩ,4 个量程
测试频率　120 Hz,可用软件选择
测试频率电压　1V(峰-峰值,正弦波),可用软件选择

电压测量

AC
　　精度　0.3%±.001%满量程[②]
　　量程　±14 Vrms 4 个量程,最大

DC

    精度　0.3%±.001%满量程
    量程　最大±20 V,4 个量程
    输入阻抗　1 MΩ

注：① 二极管测量仪器推荐使用二线电流-电压分析仪 SFP。
    ② 100 Hz～10 kHz。

动态信号分析仪

输入范围　±10 V,4 个量程
输入分辨率　12 或 16 位,由 DAQ 设备决定

函数发生器

频率范围　5 Hz～250 kHz 5 个量程,由软件控制
频率分辨率　0.8%
频率设定点精度　最大为量程的 3%
频率重复精度　±0.01%
输出幅值　±2.5 V
软件幅值分辨率　8 位
偏移范围　±5 V
AM 电压　10 V,最大
调幅　最大 100%
FM 电压　10 V,最大
振幅平滑性
    到 50 kHz　0.5 dB
    到 250 kHz　3 dB
调频　最大为满刻度的 ±5%
输出阻抗　确保为 50,关于输出阻抗配置选择的更多信息参见附录 C 工作原理

阻抗分析仪

测量频率范围　5 Hz～35 kHz

示波器

参见 DAQ 性能说明文档模拟输入部分
精度　12 或 16 位,由 DAQ 设备决定

输入阻抗　由 DAQ 设备决定
最大水平分辨率　由 DAQ 设备决定
量程　±10 V
每通道采样率　100 kHz～500 kHz,由 DAQ 设备决定
最大输入带宽　10 kHz～50 kHz,由 DAQ 设备决定
垂直分辨率　12 或 16 位,由 DAQ 设备决定

两线电流-电压分析仪

电流量程　±10 mA
电压扫描范围　±10 V

三线电流-电压分析仪[①]

最小基极电流增量　15 μA
最大集电极电流　10 mA
最大集电极电压　10 V

注：① 此 SFP 仪器仅供与 NPN BJT 晶体管一起使用。

可调电源

正电源

输出电压　0～12 V
波纹电压和噪声　0.25%
软件控制分辨率　7 位
电流限度　160 mA 时为 0.5 V, 275 mA 时为 5 V, 450 mA 时为 12 V

负电源

输出电压　0～－12 V
波纹电压与噪声　0.25%
软件控制分辨率　7 位
电流限度　130 mA 时为 0.5 V, 290 mA 时为 5 V, 450 mA 时为 12 V

NI ELVIS 物理尺寸（规格）

外形尺寸　31.75 cm×30.48 cm×12.7cm
质量　4.08 kg

最大工作电压

最大工作电压参照信号电压与共模电压的和

通道与地　±20 V，测量类型 I
通道与通道　±20 V，测量类型 I

环　境

工作温度　0~40℃
储存温度　-20~70℃
湿度　10%~90% 相对湿度，无冷凝
最大海拔　2 000 m
污染等级（仅用于室内）　2

安全性能

NI-ELVIS 的设计满足下列测量、控制及实验室使用的电子设备的安全标准要求：
IEC 61010-1，EN 61010-1
UL 61010-1
CAN/CSA-C22.2 No. 61010-1

注意：对于 UL 和其他安全认证，参见产品标签，或访问 www.ni.com/certification，搜索型号或产品线，单击认证栏适当链接。

电磁兼容性

放射性　EN 55011 Class at 10m，FCC Part 15A above 1 GHz，FCC（美国联邦通信委员会）
抗扰度　EN 61326:1997 + A2:2001，Table 1
EMC/EMI　CE，C-Tick，and FCC Part 15
　　　　　（Class A）Compliant

注意：为了 EMC 的一致性，使用屏蔽电缆连接运行的设备。此外，所有的盖子和垫片都必须安装。

CE 兼容性

NI-ELVIS 满足执行的欧洲指令的基本要求，CE 标识的赔偿如下：
低压指令 Directive（安全性）　73/23/EEC 电磁兼容性
指令（EMC）　89/336/EEC

注意：该产品的任何附加规定的兼容性信息参见一致性声明（DoC）。要得到该产品的 DoC，请访问 www.ni.com/certification，搜索模型号或产品线，单击认证栏中适当的链接。

附录 B

保护板熔断器配置说明

该附录对 NI ELVIS 保护板上的熔断器配置进行了说明,指出如何从 NI ELVIS 平台工作站卸下保护板,排除保护板故障和更换熔断器。

卸下保护板

图 B-1 为 NI ELVIS 平台工作站,图 B-2 为 NI ELVIS 保护板。将保护板从 NI ELVIS 平台工作站上卸下来。更多 NI LEVIS 平台工作站上的零件分布图,见 Where to Start with NI ELVIS 文档。

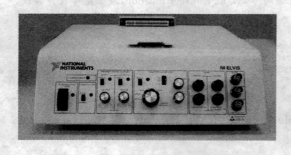

图 B-1　NI ELVIS 平台工作站

图 B-2　NI ELVIS 保护板

完成以下步骤可从平台工作站上卸下保护板:
① 拔去电源线,开关位置的图示见 Where to Start with the NI ELVIS 文档;
② 从平台工作站拔去 68 针电缆和电源电缆;
③ 从平台工作站拆开原型实验板;
④ 拧下 NI ELVIS 保护板后的装配螺丝;
⑤ 轻轻拔下装配螺丝,卸下保护板。

排除保护板故障

保护板提供了原型实验板和 NI ELVIS 母板间的电力保护,该保护是由用于大电流信号的熔断器组成的。例如 AO 通道和 DMM、以及用于低电流信号的 100 Ω 限流电阻。如果过大的电流开始流向或从一个原型实验板的特定信号流出,熔断器或电阻就会烧掉,从而断开该连接电路。注意,+15 V,−15 V,和 +5 V 线由自恢复电路保护。在电路问题的原因解决后,电路复位。

排除保护板故障,需要有一个带欧姆计的数字万用表。完成下列步骤来排除保护板故障:
① 拔下电源线。
② 从 NI ELVIS 工作站中取出保护板。关于拆卸保护板的指导,见 Removing the Protection Board 部分。
③ 检查熔断器,因这些信号最有可能已经过载了。检验熔断器的连续性,如果所有熔断器都工作,接下来检查电阻部分。
④ 检查每一个电阻阻值是否是 100 Ω,±5%,以下每一对引脚间都有一个电阻:1 和 16、2 和 15、3 和 14、4 和 13、5 和 12、6 和 11、7 和 10,以及 8 和 9。电阻部分是插入式的,可以很方便地更换电阻。

在重新给电路上电之前,要确保导致保护板元件发生故障的原因都已解除,以免相同的熔断器和电阻再次失效。为了防火,只能用相同类型和等级的熔断器更换。图 B-3 显示了保护 NI ELVIS 硬件的熔断器和保护电路的线路图,以及电阻部分的所在位置。

① −电源
② +电源
③ 电流熔断器
④ 电阻部分<1..8>
⑤ +15 V 限流线路
⑥ −15 V 限流线路
⑦ +5 V 限流线路

图 B-3　NI ELVIS 保护板零部件分布图

表 B-1 显示了电阻部分和 NI ELVIS 元件间的关系。

表 B-1 电阻部分和 NI ELVIS 元件的关系

电阻	NI ELVIS 元件	电阻	NI ELVIS 元件
RP1	模拟输入	RP5	数字输出
RP2	模拟输入	RP6	数字输入
RP3	AM_IN、FUNC_OUT、SYNC_OUT、AI SENSE	RP7	可编程函数输入/输出
RP4	计数器/时钟输入/输出	RP8	ADDRESS<0~3>

重新安装保护板

恢复 NI ELVIS 使用前重新装上 NI ELVIS 保护板。更换保护板时，要完成以下步骤：
① 将保护板的 PCI 连接器重新插入平台工作站背后的连接器中；
② 拧紧保护板背面的 4 个装配螺丝；
③ 插入 68 针电缆和电源；
④ 插入电源电缆；
⑤ 给 NI ELVIS 供电。

附录 C

部件单元工作原理

该附录给出了 NI ELVIS 的数字万用表、函数发生器、阻抗分析仪、两线和三线电流-电压分析仪,以及模拟输出线路图的基本操作补充信息。为减小测量误差,测量前先校准 DAQ 设备。

C.1 DMM 测量

DAQ 设备的所有 DMM 测量都配置为差动测量模式。每一个 DMM 读数都以 NI EL-VIS 地信号为参考。NI ELVIS 软件一般设定了输入信号的极限,但某些 NI ELVIS SFP 仪器允许用户手动修改其范围。

1. 电压表

当使用电压表时,DAQ 设备的差动通道 7(AI7 和 AI15)用于读出 NI ELVIS 的电压信号。NI ELVIS 给连到 HI 和 LO 的电压施加一个 0.5 的增益。

图 C-1 为 NI ELVIS 电压表的线路图。

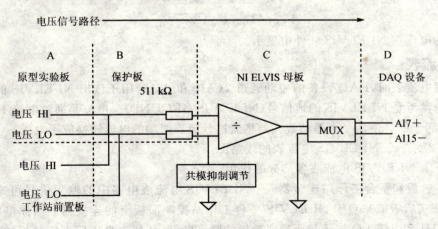

图 C-1 NI ELVIS 电压表线路图

下面介绍 NI ELVIS 电压表各部分的作用。

原型实验板和平台工作站连接器——NI ELVIS 电压表电路的输入可能来自 NI ELVIS 原型实验板或 NI ELVIS 平台工作站控制面板的连接器。当原型实验板电源关闭时，两种连接器仍起作用。

保护板——电压表的输入信号并未在 NI ELVIS 保护板上进行外部保护，两路输入在保护板上组合起来后送到了 NI ELVIS 母板上。

NI ELVIS 母板——电压 HI(VOLTAGE HI)和电压 LO (VOLTAGE LO)输入端子用 511 kΩ 的输入电阻隔开。NI ELVIS 使用的运算放大器是增益为 0.5 的差分结型场效应晶体管(JFET)，输入的转换速度典型值为 11V/s，这样高的转换速度有助于减小 AC 信号的失真。

内部 NI ELVIS 总线把差动通道 7 设为多路复用器，用于读出电压表的读数。电压表不能与其他 DMM 功能同时使用。

DAQ 设备——DAQ 设备在差动通道 7 获取电压读数，并将该电压值转换为 NI ELVIS 软件中显示的电压读数。

以下值存储在 NI ELVIS EEPROM 中：

增益 G——NI ELVIS 和 DAQ 设备的增益误差校正；

偏移 V_{offset}——NI ELVIS 和 DAQ 设备的偏移误差校正。

这些值是用于计算从 NI ELVIS 来的电压读数时使用的。计算通道 7 中电压读数时，要使用以下公式：

$$V_R = \frac{V_{HI} - V_{LO}}{2}$$

然后，NI ELVIS 软件执行下列计算：

$$V_{RDC} = V_R - V_{offset} \times G$$

$$V_{RAC} = G_{ain} \times \sqrt{V_{AC}^2 - V_{DC}^2}$$

返回的电压在 NI ELVIS 软件中显示。

2. 电流表

当使用电流表时，DAQ 设备的差动通道 7(AI7 和 AI15)用于读出 NI ELVIS 的电流值，电流读数的参考是 NI ELVIS 的地信号(NI ELVIS GROUND)。电流是通过电流 HI 和电流 LO 端子来测量的。使用一个差动放大器将流过分流器两端的电流转换成了电压。

图 C-2 为一个 NI ELVIS 电流表的线路图。

下面介绍 NI ELVIS 电流表各部分的作用。

原型实验板和平台工作站连接器——NI ELVIS 电流表电路中的输入信号可来自于 NI ELVIS 原型实验板或来自于 NI ELVIS 平台工作站控制面板上的连接器。当原型实验板断电时，电流 HI 和电流 LO 端子与原型实验板的联系断开，任何来自于原型实验板的电流都不再流动。

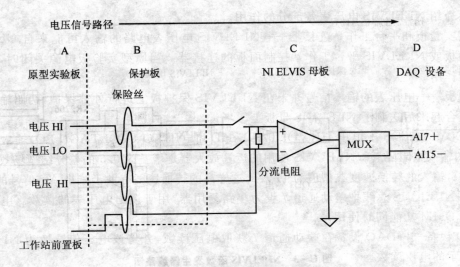

图 C-2 NI ELVIS 电流表线路图

保护板——保护板对每一个通道都装有熔断器,这些熔断器处理电流过大的情况。

电流表未对共模抑制进行调整,电流表的共模抑制取决于差动放大器。输出电压用到了差动通道 7。

DAQ 设备——DAQ 设备取出差动通道 7 中的电压读数,并把这个读数转换成 NI ELVIS 软件中显示的电流值。

以下数值存储在 NI ELVIS EEPROM 中:

增益——包括分流电阻值,NI ELVIS 和 DAQ 设备的增益误差校正。

偏移——系统偏移误差校正,包括 NI ELVIS 和 DAQ 设备偏移。

返回的电压能够表示 AC 或 DC 电流。偏移变量应除去由 NI ELVIS 和/或 DAQ 设备引起的大部分偏移。

$$I_{AC} = G \times \sqrt{(V_{AC}^2 - V_{DC}^2)}$$
$$I_{DC} = (V_{DC} - V_{offset}) \times G$$

式中:V_{DC}——差动通道 7 中电压的 DC 测量;

V_{AC}——差动通道 7 中电压的 AC 测量。

C.2 函数发生器

NI ELVIS 含有一个函数发生器,可以产生正弦、三角和方波信号,可以手动或用软件设置输出的幅值和频率,或者两者同时使用。

图 C-3 为 NI ELVIS 函数发生器的线路图。

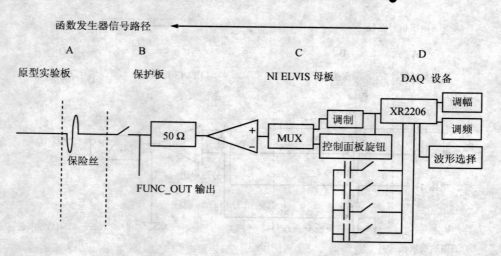

图 C-3　NI ELVIS 函数发生器线路图

下面介绍 NI ELVIS 函数发生器各部分的作用。

原型实验板和平台工作站连接器——函数发生器的输出信号 FUNC_OUT 仅位于原型实验板上。

保护板——在保护板上,函数发生器流过了一个 100 Ω 电流熔断电阻。

NI ELVIS 母板——NI ELVIS 使用一个函数发生器集成电路(IC)来产生波形。这块 IC 可以接受频率和幅值调制。可以用 NI ELVIS 平台工作站控制面板上的一个旋钮手动调节 XR 2206 的输出幅值。

频率的粗调使用 4 个频率选择电容中的一个来设定;频率微调通过调节板上的 8-bit DAC 来调整。

经调整的输出信号复用到一个单位增益电路中,增益电路的输出从一个 50 Ω 的电阻中流过。NI ELVIS 使用了函数发生器的输出信号,FUNC_OUT 用于其他内部仪器中。

C.3　阻抗分析仪

NI ELVIS 阻抗分析仪是一个可以测量元件阻抗特征的 SFP 仪器。NI ELVIS 用一个电流 HI(CURRENT HI)引脚上的由 NI ELVIS 函数发生器产生的 AC 正弦波来确定其阻抗值。

图 C-4 为 NI ELVIS 阻抗分析仪的线路图。

下面介绍阻抗分析仪各部分的作用。

电流 HI——通向电流 HI 引脚的硬件连接如图 C-5 所示。

NI ELVIS 母板——NI ELVIS 函数发生器的输出从内部连到了电流 HI 引脚的放大器

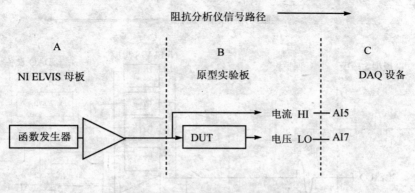

图 C-4 阻抗分析仪线路图

上。为确保电阻最小,增益电路(图 C-5 中标注为 G)输出到了一个电阻元件中(图 C-5 标注为 R)。电流 HI 送到 AI5 中测量。因 AI5 电压在片上电阻之后测量,所以计算时未将片上电阻包含在内。NI ELVIS 原型实验板的输出由原型实验板电源开关控制。

保护板——电流 HI 的输出用熔断器进行过流保护。

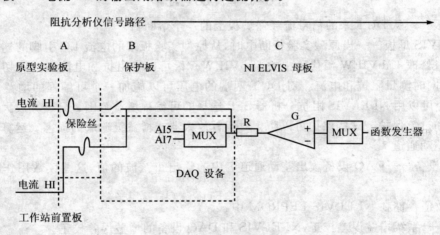

图 C-5 电流 HI 线路图

原型实验板和平台工作站连接器——当原型实验板关掉电源时,原型实验板的电流 HI 引脚断开,但 NI ELVIS 平台工作站控制面板的连接始终是处于连接状态。

DAQ 设备——DAQ 设备读出 AI5 上的参考正弦波形,AI5 电压读数是由 NI ELVIS 到 DUT 的输入值。

电流 LO——电流 LO 引脚的硬件连接如图 C-6 所示。

原型实验板和平台工作站连接器——当原型实验板电源断开时,原型实验板电流 LO 引脚断开,而平台工作站控制面板的连接始终接通。

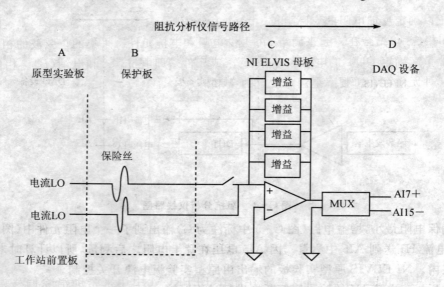

图 C-6 电流 LO 线路图

保护板——从 DUT 来的信号流经保护板上的一个熔断器。

NI NIVIS 母板——当原型实验板断电时,从原型实验板来的电流 LO 引脚的连接也随之断开。通过修改 LabVIEW 源代码中的 LabVIEW VIs 可以在阻抗和电流测量间切换输入路径,但不能同时测量阻抗和电流。对 DUT 两端的电压可以施加一个可编程的增益。NI ELVIS 有 4 个可以用 NI ELVIS 阻抗分析器 SFP 选择的可编程增益范围。到运算放大器的输入具有过压和过流保护。这些保护可以防止对运算放大器或增益级造成的损害。运算放大器的输出使用差动通道 7。

DAQ 设备——DAQ 设备读出差动通道 7 中的输出正弦波的值,这些读数用作阻抗测量的信号。

下列数值存储在 NI ELVIS EEPROM 中:

增益——系统增益误差校正,NI ELVIS 和 DAQ 设备的增益误差校正。

电感偏移——系统电感偏移误差校正,NI ELVIS 和 DAQ 设备。

电容偏移——系统电容偏移误差校正,NI ELIVS 和 DAQ 设备。

CA 斜率——每一个反馈电阻(4 个值)的实际校正值。软件从差动通道 7(信号)和 AI5(参考通道)采集两个波形,然后用以下公式计算:

$$\text{Gain Amplitude} = \frac{\text{Referenced Amplitude}}{\text{Signal Amplitude}}$$

$$Z = \frac{K_{CA}}{G_A}$$

在 NI ELVIS 中把增益大小与反馈电阻结合在一起来确定阻抗。CA 斜率在生产厂家进行了校正以确定反馈电阻的实际阻抗。

Z 和相位(φ)结合在一起来确定 DUT 的电阻和电抗元件。采集的正弦波的相位差以 AI5 为参考测量来确定 DUT 的电感和电容成分(或元件),即电抗(X)和电纳(B)。相位的大小决定了哪一种元件存在。频率是用户设定的频率。

$$\left.\begin{array}{l} X = Z \times \cos\left(\varphi \times \dfrac{\pi}{180}\right) \\[4pt] X = Z \times \sin\left(\varphi \times \dfrac{\pi}{180}\right) \\[4pt] B = \dfrac{-1}{X} \\[4pt] L = \dfrac{X}{2 \times \pi \times f} + L_{\text{offset}} \\[4pt] C = \dfrac{B}{2 \times \pi \times f} C_{\text{offset}} \end{array}\right\}$$

每一个电感和电容读数都包含了存储在 EEPROM 中用来帮助消除偏移误差的偏移变量。

下面介绍阻抗分析仪中几项子工具的功能。

- 欧姆表是 NI ELVIS 阻抗分析仪的一项子工具,使用相同的电路。为得到更准确的读数,函数发生器的输出频率设为 120 Hz,幅值锁定在 1 V(p−p)。这些设置可以减小电阻和电容偏移的校正工作量。用欧姆表从 5 Ω~3 MΩ 的 4 个量程来测量。
- 电感表是 NI ELVIS 阻抗分析仪的一项子工具,使用相同的电路。为使读数更准确,函数发生器的输出频率设定为 950 Hz,幅值锁定在 11 V(p−p)。这些设置可以减小电阻和电容偏移的校正工作量。
- 电容表是 NI ELVIS 阻抗分析仪的一项子工具,使用相同的电路。可以选择电解电容的普通电容。为得到电解电容更准确的读数,函数发生器的输出频率设为 120 Hz,幅值锁定在 2 V(峰-峰值,其 DC 偏移量为 2.5 V)。对普通电容,函数发生器输出频率设定为 950 Hz,幅值锁定在 1 V(p−p)。这些设置可以集中致力于减小电阻和电容偏移的校正工作量。

C.4 两线电流-电压分析仪

通过使用 DAQ 设备 AO 信号产生一个由用户控制的电压扫描来完成两线测量。DUT 之前的电压在 AI 5 上读出,通过 DUT 的电压在 AI 7 上读出。NI ELVIS 阻抗分析仪电路提供了将流入电流 LO(CURRENT LO)引脚的电流转换成一个电压的反馈电阻。电流 HI (CURRENT HI)引脚是原型实验板和平台工作站控制面板上的输出电压源。

如图 C-7 所示为两线测量线路图。

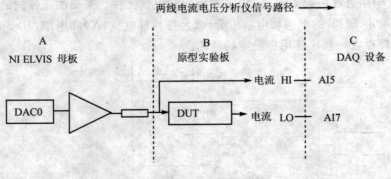

图 C-7 两线测量线路图

内部计算

下列数值存储在 NI ELVIS EEPROM 中：

CA 斜率——每一个反馈电阻的实际值（4 个值）。电流 HI 引脚上的电压输出来自于 DAQ 设备的 DAC0。电流 HI 引脚在 AI5 上读数,其存储、显示形式为电压(V)。

输入电流在原型实验板的电流 LO 引脚上测量,在 AI7 中读数。DAQ 设备只能读电压,所以电流被转换成了电压。NI ELVIS 阻抗分析仪电路将电流转换为电压。然后电压读数又用欧姆定律转换回电流。

$$V = I \times R$$
$$I_M = \frac{V_{CH7}}{K_{CA}}$$

测得的电流转换为 mA,并显示出来。

C.5 三线电流-电压分析仪

通过使用 DAQ 设备的 AO0 和 AO1 产生的由用户控制的输出电压来完成三线测量,其线路图如图 C-8 所示。进入 DUT 之前的电压用 AI5 和 AI6 测量,经过 DUT 的电压用 AI7 测量。NI ELVIS 阻抗分析仪电路提供了将流入电流 LO 引脚的电流转换为电压的反馈电阻。电流 HI 引脚是原型实验板上 DUT 的输出电流源,这个电流由 NI ELVIS 上的一个 332 Ω 的电阻测量并转换成电压。三线引脚(The 3-WIRE pin)在 AI6 上测量,它是电源电压。

三线电流-电压分析仪信号路径 ⟶

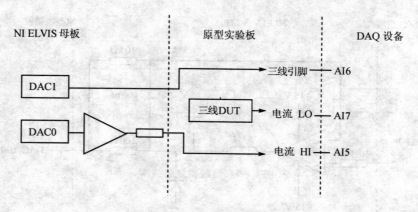

图 C-8 三线测量线路图

内部计算

下列数值存储在 NI ELVIS EEPROM 中：

CA 斜率（CA SLOPE）——三线引脚上产生的电压来自 DAQ 设备 AO1，此电压由 NI ELVIS 的 AI 6 上读出，在三线电流-电压分析仪 SFP 中以电压（V_c）显示。电流 HI 引脚上的基极电流输出来自 DAQ 设备的 AO0。AI5 上的电流引脚作为一个电压读出。因为 DAQ 设备只能读出电压，所以电流被转换成了电压。然后，用欧姆定律再把电压读数转换成电流。

$$I_b = \frac{V_{CH5}}{332\ \Omega}$$

基极电流 I_b 没有在 SFP 上显示。输入的集电极电流由原型实验板上的电流 LO 引脚测量。电流 LO 在 AI7 中读出。DAQ 设备只能读出电压值，所以电流被转换成电压读出。该转换由 NI ELVIS 阻抗分析仪电路完成。

电压读数然后用欧姆定律被转换回电流。

$$I_c = \frac{V_{CH7}}{K_{CA}}$$

集电极电流显示为电流 I_c（A）。要确定 DUT 的 β（β 未在 SFP 上显示），可利用以下等式：

$$\beta = \frac{I_c}{I_b}$$

C.6 任意波形发生器/模拟输出

NI ELVIS 为来自 DAQ 设备的输出提供了一个缓冲区，缓冲区是用来防止对 DAQ 设备的损害。NI ELVIS 拥有过压和过流保护功能。图 C-9 显示了一个 NI ELVIS AO 电路的基本框图。

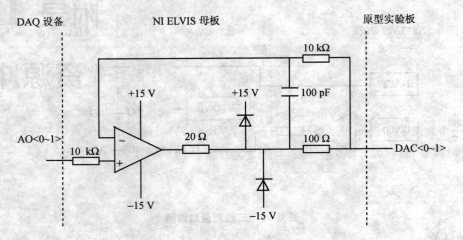

图 C-9 模拟输出图

下面介绍模拟输出图三个部分的作用。

原型实验板——只能访问原型实验板上的 NI ELVIS 输出通道 DAC<0～1>，当原型实验板断电时，输出断开。

NI ELVIS 母板——DAQ 设备的 AO 0 和 AO 1 在 NI ELVIS 中缓冲，缓冲能让 NI EL-VIS 电源驱动原型实验板上的 DAC0 和 DAC1。DAQ 设备提供电压而不是电流。输出信号没有对由 NI ELVIS 造成的偏移进行调整。

DAQ 设备——要使用 NI ELVIS 的模拟输出，DAQ 设备必须具有模拟输出功能。为了产生波形或图案，DAQ 设备的输出必须经过缓冲。

附录 D

资源冲突

图 D-1 总结了如果同时运行特定的 NI ELVIS 电路，可能会遇到的资源冲突。可调电源和数字电路没有包含在这个图中，因为它们不会产生任何资源冲突。

	函数发生器:基本	函数发生器:精确	函数发生器:调制	DAC<0..1>	示波器	动态信号分析仪	数字万用表:连续测试	数字万用表:电容表	数字万用表:电阻表	数字万用表:电感	电压表	电流表	数字万用表:二极管测量仪	阻抗分析仪	波特分析仪	两线分析仪	三线分析仪
函数发生器:基本	–	fg	fg	–	–	–	–	fg	fg	fg	–	–	–	–	fg	–	–
函数发生器:精确	fg	–	fg	ao	–	–	–	fg	fg	fg	–	–	–	–	fg	–	–
函数发生器:调制	fg	fg	–	ao	–	–	–	fg	fg	fg	–	–	–	–	fg	ao	ao
DAC<0..1>	–	ao	ao	–	–	ao	–	–	–	–	–	–	ao	–	–	ao	ao
示波器	–	–	–	–	–	ais	aid	aid	aid	aid	aid	aid	aid	aid	aid	aid	aid
动态信号分析仪	–	–	–	–	ais	–	aid	aid	aid	aid	aid	aid	aid	aid	aid	aid	aid
数字万用表:连续测试	–	–	–	ao	aid	aid	–	ca	ca	ca	ais	ca	ca	ca	aid	ca	ca
数字万用表:电容表	fg	fg	fg	–	aid	aid	ca	–	ca	ca	ais	ca	ca	ca	aid	ca	ca
数字万用表:电阻表	fg	fg	fg	–	aid	aid	ca	ca	–	ca	ais	ca	ca	ca	aid	ca	ca
数字万用表:电感	fg	fg	fg	–	aid	aid	ca	ca	ca	–	ais	ca	ca	ca	aid	ca	ca
电压表	–	–	–	–	aid	aid	ais	ais	ais	ais	–	ca	ca	ca	aid	ca	ca
电流表	–	–	–	–	aid	aid	ca	ca	ca	ca	ca	–	ca	ca	aid	ca	ca
数字万用表:二极管测量仪	–	–	–	ao	aid	aid	ca	ca	ca	ca	ca	ca	–	ca	aid	ca	ca
阻抗分析仪	fg	fg	fg	–	aid	aid	ca	ca	ca	ca	ca	ca	ca	–	aid	ca	ca
波特分析仪	fg	fg	fg	aid	aid	aid	aid	aid	aid	aid	aid	aid	aid	aid	–	aid	aid
两线分析仪	–	–	ao	ao	aid	aid	ca	ca	ca	ca	ca	ca	ca	ca	aid	–	ca
三线分析仪	–	–	ao	ao	aid	aid	ca	ca	ca	ca	ca	ca	ca	ca	aid	ca	–

aid = DAQ AI 不同信道 　　fg = NI ELVIS 函数发生器
ais = DAQ AI 相同信道 　　ca = NI ELVIS 电流放大器
ao = DAQ AQ

图 D-1 可能发生的资源冲突

附录 E

实验教学光盘程序清单

1. RC 暂态响应.vi
2. 数字测温计.vi
3. 数字测温记录仪.vi
4. 带历史查看功能的数字测温计.vi
5. 带保持功能的数字测温计.vi
6. 二进制计数器.vi
7. 交通灯控制.vi
8. 调制.vi
9. 电机测速.vi
10. 电机测速—PID.vi
11. 时滞闭环 PID 控制.vi
12. 直流电机速度控制.vi
13. 直流电机位置控制.vi

参考文献

[1] 候国屏,王绅,叶齐鑫. LabVIEW 7.1 编程与虚拟仪器设计 [M]. 北京:清华大学出版社,2004.

[2] 雷振山. LabVIEW Express 实用技术教程 [M]. 北京:中国铁道出版社,2005.

[3] 杨乐平. LabVIEW 高级程序设计 [M]. 北京:清华大学出版社,2003.

[4] 刘君华. 基于 LabVIEW 的虚拟仪器设计[M]. 北京:电子工业出版社,2003.

[5] 朱海峰,杨智. PID 控制器参数自整定方法研究 [D]. 中山大学,硕士学位论文,2005.

[6] 熊秀. 基于虚拟仪器的控制系统 [D]. 西北工业大学,硕士学位论文,2004.

[7] 金志强,包启亮. 一种基于 LabVIEW 的 PID 控制器设计的方法 [J]. 微计算机信息(自动化),2005,21(6).

[8] 庞君. 虚拟仪器中实时数据采集和控制的实现 [J]. 计算技术与自动化,2005,24 (2).

[9] 曹同强,陈桂梅,严平,周洁敏. 基于 LabVIEW 的任意函数发生器 [J]. 仪器仪表与分析监测,2005.

[10] 陆宁,周伟. 基于 LabVIEW 的智能 PID 控制器的设计 [J]. 微机发展,2005, 15(4).

[11] Jerome J, Aravind A P, Arunkumar V, Balasubramanian P. LabVIEW based intelligent controllers for speed regulation of electric motor [P]. Proceedings of the IEEE on Instrumentation and Measurement Technology Conference,2005,5(2):935~940.

[12] Daftari A P, Alvarez T L, Chua F B, Semmlow J L, Pedrono C. A LabVIEW program for the stimulation of a vergence open-loop response [P]. Proceedings of the IEEE 30th Annual Northeast Bioengineering,2004,12(64):41~42.

[13] 江伟,袁芳,黄乡生. 基于虚拟仪器平台的 PID 控制系统的设计 [J]. 东华理工学院学报,2004,2(4).

[14] 李怀洲,陈离,杨永才. 虚拟仪器 PID 调节仪在串级调节控制系统中的实现 [J]. 仪表技术,2004.

[15] 黄学文,周敬泉. 虚拟仪器技术的现状与前景 [J]. 电测与仪表,2004, 41(466).

[16] Swain N K, Anderson J A, Ajit Singh, Swain M, Fulton M, Garrett J, Tucker O. Remote data acquisition, control and analysis using LabVIEW front panel and real time engine, SoutheastCon [P]. IEEE Proceedings,2003.

[17] Josifovska S. The father of LabVIEW [P]. IEE Review,2003, 49(9):30~33.

[18] 王建群,南金瑞,孙逢春,付立鼎. 基于 LabVIEW 的数据采集系统的实现 [J]. 计算机工程与应用,2003.

[19] 唐建锋,罗湘南,周伟林. LabVIEW 外部接口技术研究与实现 [J]. 衡阳师范学院学报(自然科学),2003,

21(6).

[20] 于靖华,关浩,郭丽环.基于虚拟仪器的典型控制系统模拟实验台设计[J].组合机床与自动化加工技术,2003.

[21] Aaron K R, Foster N L, Hazel D P, Hasanul Basher A M. Closed-loop position control system using LabVIEW[P]. SoutheastCon. IEEE Proceedings,2002,7(12):283~286.

[22] 金阳.LabVIEW 在数据采集中的应用[J].湖北汽车工业学院学报.2002,16(4).

[23] Olden P, Robinson K, Tanner K, Wilson R, Basher A M H. Open-loop motor speed control with LabVIEW[P]. SoutheastCon. IEEE Proceedings,2001,12(9):259~262.

[24] 张小牛,侯国屏,赵伟.虚拟仪器技术回顾与展望[J].测控技术,2000,19(9).

[25] 王茸,曾斌,周巍.虚拟仪器应用技术[J].河南科技,1998.

[26] NI 公司使用手册:

LabVIEW System Identification Toolkit User Manual,2004.

LabVIEW Control Design Toolkit User Manual,2005.

LabVIEW Simulation Modular User Manual,2004.

LabVIEW Simulation Interface Toolkit User Guide,2003.

LabVIEW State Diagram Toolkit User Guide,2003.

LabVIEW Real-Time Module User Manual,2003.

LabVIEW Measurement Manual April ,2003.

E_Series_Help,December 2004.

DAQ Quick Start Guide,2004.

NI-DAQmx C Reference Help,2004.

NI ELVIS Where to Start,2004.

NI Educational Laboratory Virtual Instrumentation Suite (NI ELVIS) User Manual,2005.

System Identification Toolkit Algorithm Reference,2004.

[27] Barry Paton . Introduction to NI ELVIS[M], 2004.

[28] Jamal R, Wenzel L. The applicability of the visual programming language LabVIEW to large real-world applications[P]. 11th IEEE International Symposium on Visual Languages Proceedings,1995,13(2):99~106.

[29] Quanser 公司电机使用手册

Quanser NI-ELVIS Trainer (QNET) Series,2005.

QNET—Expl-Speed-Instrutor,2005.

QNET—Expl-Speed-Student,2005.

QNET—Exp2-Position-Instrutor,2005.

QNET—Exp2- Position-Student,2005.